KB261637

그 남자
그 여자의 파리

그 남자
그 여자의 파리

초판 1쇄 발행 2011년 6월 15일 1쇄 발행

지은이 이화열

펴낸이 승영란, 김태진

기획 박재걸

마케팅 함송이

경영지원 박신애

디자인 All Design(02-776-9862)

출력 인쇄 애드샵

펴낸 곳 에디터

서울 마포구 공덕동 105-219 정화빌딩 3층

02-753-2700, 2778

팩스 02-753-2779

출판등록 1991년 6월 18일 등록 제 1-1220호

값 15,000원

ISBN 978-89-92037-77-8 13980

언제나 어느 도시에 아무 가진 것 없이 홀로 도착하는 것을 꿈꾸었다

그 남자
그 여자의 파리

이화열 지음

에디터
editor

Contents

Contents

젊은 시절, 꿈과 포부를 가져 본 적이 없다. 집념부족이었을지도, 절대적인 가치에 자신을 몰입시키는 데 지나치게 의심 많은 기질 때문이었는지 모르겠다.

그 시절 나의 행복한 미망은 낯선 곳으로 떠나는 것이었다. 가사를 모르는 노래처럼 알 수 없는 대화, 이름 모르는 향신료 냄새, 처음 도착한 도시에서 느끼는 두근거림…. 교수나 유명 디자이너가 되는 것보다 철저하게 '한눈파는' 인생에 매료되었던 것이 진솔한 고백이다.

거대한 홍수로 나무가 뿌리째 뽑혀 멀리 이사 갈 수밖에 없는 형국이라고 점쟁이가 말했던 해, 난 스물아홉이 되었고, 완전범죄를 준비한 사람처럼 유학이라는 구실로 서울을 떠났다. 비행기가 이륙할 때의 그 짜릿함을 지금도 기억한다.

미국 뉴저지에서 유학생활을 하던 그해 겨울은 추웠고, 상상했던 것보다 훨씬 황량했다. 아파트를 나눠 썼던 대만 유학생은 덧니가 매력적이었는데 지금은 이름조차 기억에서 지워졌다. 여학생이 기르던 고양이는 밤이면 짝을 찾느라 이상한 울음소리를 냈는데 미국인 남자친구에게 실연당한 고양이 주인의 울음소리와 구별할 수 없었다. 겨울 방학이 되었을 때, 파리에서 체류하고 있던 언니의 초대에 주저하지 않았던 것은 음습한 고양이 냄새, 벽 뒤편의 울음 소리 때문이었다.

그렇게 파리에 도착했다. 파리도 유럽도 처음이었다. 자동차를 타지 않고도 길모퉁이에 있는 가게에 포도주를 사러 갈 수 있고, 걸어서 산책해도 아무도 이상한 눈으로 쳐다보지 않는 작은 도시는 낯설지만 낯설지 않았다.

방학을 보내고 미국으로 돌아갔을 때, 대학에서 서류를 관리하는 여직원이 나에게 물었다.

"예술 하는 사람이, 왜 파리에서 미국으로 돌아온 거죠?"

그냥 지나가는 농담처럼 던진 이야기였다.

그녀의 이야길 듣고 잠시 생각했다.

'왜 다시 돌아온 것일까?'

"어머, 당신 말이 맞네요. 난 돌아올 이유가 없었어요."

그러고는 부리나케 뉴욕에 있는 프랑스 대사관으로 달려가서 비자를 받고, 파리로 돌아왔다.

이것도 이미 오래전의 이야기가 되어 버렸다. 이후, 파리에서 공부하다가 남편을 만났고, 아이들을 낳았다. 아이들은 아름답게 자라고 있다. 비행기가 이륙할 때의 짜릿한 느낌은 이제 아찔한 두려움으로 바뀌었고, 낯선 도시였던 파리는 내가 태어나고 자랐던 도시보다 더 익숙한 곳이 되어 버렸다. 이른 아침, 카페에서 풍기는 에스프레소 냄새를 맡을 때면 내가 꿈꿨던 여행이 이제 익숙하고 달콤한 이주로 변해 있는 것을 느낀다. 낯선 곳으로 떠나는 열정은 영원한 이방인이 되는 것과 맞바꿔진 것인지도 모른다.

이제 나에게 일상을 벗어나는 여행은 습관과 기억, 모국어와 같이 떠나는 글쓰기다.

도시는 사람을 닮는다. 아니다. 어쩌면 사람들이 도시를 닮는 것인지도 모른다. 도시를 여행하는 방법은 사람마다 다를 수 있다. 가이드 책을 끼고 사진을 찍으면서 풍경 속으로 여행하는 방법이 있다. 다른 하나는 도시에 사는 사람들의 삶 그 풍경을 여행하는 것이다. 다른 곳에 사는 사람들을 통해서 다른 삶을 상상해

보는 것. 어쩌면 결국 인간은 크게 다르지 않다는 평범한 진실로 위로받을 수도 있을 것이다. 상상의 즐거움을 빼고 나면, 여행이란 피곤함과 실망뿐이 아니겠는가?

이 책은 나의 17년 파리지앵 삶의 풍경을 스케치한 에세이다. 책 속의 파리지앵들은 그저 평범한 자유인들이다. 하지만 열정 없이는 인생에 집을 지을 수 없는 그런 사람들이다.
첫사랑처럼 아쉬웠던 《파리지앵》을 새 단장해서 독자들에게 다시 선보일 수 있게 도와주신 에디터 승 대표님께 감사드린다.

빅토르 위고의 말을 인용하면
'책을 읽는 것이 여행이고, 여행은 바로 그 무엇을 읽는 것'
파리의 그 남자, 그 여자와 함께 자신과 일상을 가볍게 탈출하는 즐거운 상상의 여행이 되기를…… Bon Voyage!

언제나 이국異國의
어느 도시에 아무 가진 것 없이
홀로 도착하는 것을 꿈꾸었다.
—장 그르니에

올리브와 나

Olive & moi

포도주와 만남

20년을 기다려온 퐁테 카네… 올리브는
거의 울상이 되었다. 혹시나 하는 생각에
다른 한 병을 열었다. 그러나 대머리 노신사
맛은 똑같았다. "혹시, 너무 일찍 딴 것은
아닐까?" 이렇게 위안받고 싶은 그의
심정을 이해할 수 있을 것 같았다. "당신은
너무 늦게 만난 포도주 두 병과, 만나야 할
시기에 제대로 만난 여자랑 한 테이블에
있으니 그래도 다행 아니겠어?"

아이들이 시골집으로 내려간 주말 저녁, 라디오 재즈 스테이션에서는 마들렌 페루_{Madeleine Peyroux, 재즈 보컬리스트}의 〈Dance to the end of love〉가 흘러나오고 있었다. 오붓한 저녁을 준비하면서 남편이 말했다.

"만약에 그때 너를 만나지 않았다면, 난 독신으로 살았을 거야."

내가 깜짝 놀라 대답했다.

"당신은 남편과 아빠라는 재능을 썩히기엔 너무 아까운 사람이야. 내가 아니어도 누군가와 결혼했을 거야."

로맨티스트들이 타는 기차간에 절대 몸을 실지 않는 나는 이렇게 초를 친다. 사실 잠재적인 재능이란 누구를 만나서가 아니라 그 자체로 발현이 되기 마련 아닌가. 하지만 이런 이야기는 무의미하다. 인생에 있어서 가정법은 존재하지 않기 때문이다.

"그래도 그 타이밍이라는 것은 중요한 거야."

올리브는 이렇게 말하고 지하의 포도주 창고에 내려가서 포도주 두 병을 꺼내 왔다. 저녁 식탁에 앉아 라벨을 보이지 않게 돌려놓고 커다란 잔에 포도주를 따랐다.

"먼저 맛을 본 다음 이야기해 봐."

라벨을 감추는 건 아주 비싼 포도주이거나 반대의 경우인데, 들뜬 분위기로 봐서 비싼 포도주 같았다. 잔에 담긴 포도주 빛깔은 은은한 품위가 있었다.

올리브는 포도주를 수집하고 컴퓨터로 리스트를 관리한다. 요리를 하면, 음식과 어울리는 포도주를 인터넷 정보로 수집하고 심지어는 가까운 포도주 가게로 달려가 요리 맛을 설명하고 주인이 골라주는 포도주를 사가지고 오기도 한다.

나는 커다란 잔에 담긴 포도주를 가볍게 흔들면서 향기를 맡았다. 그리고 조심스럽게 한 모금을 마셨다.

"음…, 뭐랄까… 맛의 기품은 겨우 있는데 향기가 없다. 맛이 노쇠한 것 같아. 잘 늙어 버린 노신사. 아깝다."

올리브는 내 말이 떨어지기 무섭게 앞에 놓인 잔을 당겨 부리나케 마셨다. 그의 얼굴이 서서히 일그러졌다. 그리고는 병을 돌려 라벨을 보여줬다. 1986년 산 샤토 퐁테 카네Chateau Pontet-Canet, 일반 포도주 가게에서도 20년 된 퐁테 카네는 100유로가 족히 넘는다.

20년 전이라…. 난 그때 뭘 하고 있었을까? 아마 대학가의 어느 술집에서 송창식의 〈20년 전쯤에〉를 들으면서 소주를 마시고 있었을 것이다. 왕가위는 〈열혈남아〉를 찍고 있었을 테고, 올리브는 20년 후에 누군가와 마실 퐁테 카네 한 박스를 구입했던 것이다.

20년을 기다려온 퐁테 카네…. 올리브는 거의 울상이 되었다. 혹시나 하는 생각에 다른 한 병을 열었다. 그러나 대머리 노신사 맛은 똑같았다.

"혹시, 너무 일찍 딴 것은 아닐까?"

이렇게 위안받고 싶은 그의 심정을 이해할 수 있을 것 같았다.

"당신은 너무 늦게 만난 포도주 두 병과, 만나야 할 시기에 제대로 만난 여자랑 한 테이블에 있으니 그래도 다행 아니겠어?"

올리브는 침울한 표정으로 맛이 날아간 퐁테 카네를 다시 한 모금 마시며 말했다.

"당신 말이 맞아. 하지만 이 포도주, 아직도 지하창고에 열여덟 병이나 남아 있어…."

그 말을 들으니 내 마음도 쓰렸다.

"혹시 와인 가게 주인에게 맛을 좀 분석해 달라면 어떨까? 당신 말대로 너무 일찍 딴 걸지 누가 알아?"

결정을 보류하는 것도 신중한 결정이다. 다음 날 오후, 우리는 남은 퐁테 카네를 들고 단골 포도주 가게로 갔다. 은발 섞인 머리에 부드럽고 낮은 목소리로 세련된 농담을 구사하는 포도주 가게 주인 티에리와 수다를 떠느라 발길이 잦은 장본인이 나다. 올리브는 준비해 가지고 간 잔에 포도주를 따르면서 말했다.

"소견을 말해 줘. 라벨은 보지 말고…."

주인 티에리는 잔을 아주 조심스럽게 흔들면서 냄새를 맡았다.

"이거 딴 지 며칠 된 건가?"

올리브가 시무룩하게 대답했다.

"엊저녁에…"

티에리는 한 모금 마시고 나서 아주 신중한 표정으로 말했다.

"아주 어린 나이에 늙어 버렸군."

만약에 그 장소가 병원이었다면, 의사가 대기실에서 초조하게 기다리는 환자 가족을 보면서 침울하지만 위엄있는 목소리로 '네 임종하셨습니다'라고 말하는 것 같았다.

그렇게 20년이 된 퐁테 카네 열여덟 병은 세상의 빛도 보지 못하게 되었다.

'만약에 돈으로 환산하면? 레스토랑에서 마셨다면?'

기하학적인 가격에 속이 쓰렸다.

사람이나 포도주, 만남이라는 타이밍은 그래서 중요한 것이다.

남편에게 내가 청혼했다는 이야길 듣고 눈이 휘둥그레졌던 여자 친구의 표정을 보면서, '아, 남자가 여자에게 청혼하는 것이 상식인가 보다' 하고 깨달은 것은 이미 아이 둘을 낳고 난 뒤였다. 요즘은 청혼 이벤트 예약만 하면, 장미꽃을 비처럼 맞으며 결혼 프러포즈를 할 수 있다고 한다. 파리 시내의 광고 전광판에 '줄리! 나와 결혼해 줄래?' 이런 메시지도 띄울 수 있고, 심지어는 기구를 타고 하늘을 날면서 프러포즈할 수도 있다고 한다. 후회해 봤자 이미 너무 늦은 일이다. 항상 마음 급한 놈이 설거지를 먼저 할 수밖에….

물건을 사는 일이든 사람을 만나는 일이든 운이 차지한다고 생각하는 나는 도박꾼의 기질이 있는지도 모른다. 하지만 세상의 모든 남자들을 만나보고 선택할 수 없듯이, 어차피 인간은 우연히 손에 쥔 카드로 운명이 결정되는 것이 아닐까 생각한다.

서울에서 온 여자, 파리에서 온 남자

정말 놀라운 건 언어적 의사소통이 원활하지 않을 땐, 편견과 불신도 없다는 사실이다. '아' 하면 '어'하는 뉘앙스를 이해하지 못할 때는 다투거나 마음이 미묘하게 일그러지는 일도 없다.
가사를 몰라도 노래를 즐길 수 있고, 어떤 경우에는 가사를 이해하지 못하는 것이 음악을 감상하는 데 전적으로 도움이 되기도 한다.

Une coréenne, un français

SHAKESPEARE AND CO
ANTIQUARIAN BOOKS
WHILE THY BOOKE DOTH LIVE
THOU ART ALIVE STILL
AND WE HAVE WITS TO READ
AND PRAISE TO GIVE
PARIS WALL NEWSPAPER
JANUARY 1st 2004
SOME PEOPLE CALL ME
THE DON QUIXOTE
OF THE LATIN QUARTER
BECAUSE MY HEAD
IS SO FAR UP IN THE
CLOUDS THAT I CAN
IMAGINE ALL OF US ARE
ANGELS IN PARADISE.
AND INSTEAD OF
BEING A BONAFIDE
BOOKSELLER I AM MORE
LIKE A FRUSTRATED
NOVELIST STORE HAS
ROOMS LIKE CHAPTERS
IN A NOVEL AND THE
FACT IS TOLSTOI AND
DOSTOYEVSKI ARE
MORE REAL TO ME THAN
MY NEXT DOOR NEIGHB
ORS AND EVEN STRANGER
IS THE FACT THAT EVEN
BEFORE I WAS BORN
DOSTOYEVSKY WROTE
THE STORY OF MY LIFE IN
A BOOK CALLED 'THE
IDIOT' AND EVER SINCE
READING IT I HAVE BEEN
SEARCHING FOR THE

"프랑스 여자와 결혼하지 않고, 어째서 외국인과 결혼했어요?"

한국에서 온 지방지 기자가 올리브에게 이런 해괴한 질문을 던진 적이 있었다. 한 사람의 정의를 외국인으로 내린다는 것은 얼마나 슬픈 일인가? 한국에 살 적엔 이방인이나 외국인이란 단어가 다분히 문학적으로 들린 적이 있었다. 이민 문제가 심각한 나라에 잠시라도 외국인으로 살아 본 사람이라면 이 단어가 주는 어둡고 침침한 느낌을 눈치 챌 것이다. 그런데 올리브는 주저하는 기색 없이 이렇게 대답했다.

"프랑스 사람끼리 결혼하는 건, 직장동료와 결혼하는 느낌 같아요. 물론 직장동료와 결혼하는 사람도 있긴 하지만, 근데 선택의 자유가 있다면 좀 다르지 않겠어요?"

어쩌면 이 남자에게는 다분히 이방인적인 취향이 있었는지도 모른다. 하지만 내가 그를 처음 만났을 때 나의 프랑스어는 그의 시시콜콜한 취향을 이해하기엔 너무 초보적인 단계였다는 것을 고백할 수밖에 없다. 프랑스어로 쓰인 메뉴를 읽을 줄 몰라서 닭껍질구이를 주문했고 접시를 보고 나서 세상에 그런 요리가 존재하는 줄 알았다, 심지어는 올리브의 직업이 그래픽 디자이너라고 착각을 했다. 사실 그의 직업은 공무원이었다.

그런데 정말 놀라운 건 언어적 의사소통이 원활하지 않을 땐, 편견과 불신도 없다는 사실이다. '아' 하면 '어' 하는 뉘앙스를 이해하지 못할 때는 다투거나 마음이 미묘하게 일그러지는 일도 전혀 없었다는 것. 가사를 몰라도 노래를 즐길 수 있고, 어떤 경우, 가사를 이해하지 못하는 것이 음악을 감상하는 데 전적으로 도움이 되기도 한다.

다른 별에서 온 사람들

CINEMA

BEAMISH
Genuine
IRISH STOUT
Only brewed at the
BEAMISH BREWERY
Cork
THE HIGHLANDER

포스터 한 장

인간은 아주 우연한 단초로 인생이 바뀐다. 국립아틀리에에 들어가서 난 지금의 남편, 올리브를 만나게 되었다. 내가 국립아틀리에를 우연히 발견하게 된 것은 파리의 어느 인포메이션 센터에서 내 시선을 잡아끌었던 루카의 포스터 한 장이었다.

Une affiche

저녁 무렵, 비행기가 착륙할 때 창밖으로 활주로를 밝히는 파란 네온을 보면서 이상하게 가슴이 뛰어 본 사람이 있을까? 난 그랬다. 코에 바람이 들었든, 역마살이었든, 낯선 도시로 떠나는 여행만큼 젊은 시절 나를 들뜨게 했던 것은 없었다. 대학원을 다니면서 정치광고 회사에서 일을 했는데, 스물아홉이 되던 해에 문민정부가 탄생했다. 나에게는 일 년 정도 일을 하지 않고 외국을 여행할 수 있는 돈이 생겼다.

어떤 사람이든 한번쯤 가진 것을 버리고 새로 시작하고 싶은 순간이 있을 거라고 생각하는 건, 순전히 나의 착각에서 비롯된 것이었을지도 모른다. 철이와 미애의 랩송이라는 것이 처음 명동과 홍대 앞을 들썩거리던 해였다. 아무리 귀를 틀어막아도 하루도 그 랩송을 피할 수 있는 방법은 없는 것 같았다. 비행기 트랩을 밟으면서 악몽 같은 랩송에서 해방되었다는 사실에 날아갈 듯 기뻤다.

1993년, 미국의 뉴저지에 있는 러커스 대학Rutgers University에서 어학연수를 하면서 유학 생활을 시작했다. 그리고 그해 겨울 방학에 파리로 여행을 왔다. 시차 때문에 낮과 밤을 모르고 잠을 자다가 처음 나온 곳이 생 미셸Saint-Michel이었다. 오래된 상점에서 새어 나오는 따뜻한 불빛, 푸른빛이 감도는 겨울 하

다른 별에서 온 사람들

늘과 보색을 이루는 오렌지색 가로등, 그 불빛을 받아 반짝이는 거리, 오래된 책방과 짙은 회색 지붕, 패트릭 모디아노Patrick Modiano의 소설《어두운 상점들의 거리》의 배경이 내 눈앞에 펼쳐지고 있었다.

'왜 이 도시를 한 번도 꿈꿔 본 적이 없었을까?'

그건 마치 한 번도 눈여겨보지 않은 여자에게 갑자기 마음을 도둑맞은 느낌이었다. 방학이 끝나고 미국으로 돌아가서 학교와 짐을 정리하고 한 달 만에 파리로 돌아왔다.

파리에서 프랑스어를 배우고 있을 때, 타이포그래피 국립아틀리에가 있다는 것을 알게 되었다. 프랑스의 국립학교는 정부에서 지원을 받기 때문에 학비가 무료다. 국립아틀리에는 타이포그래피 디자인 계발을 위해 프랑스 문화부에서 지원을 받는 아틀리에였는데, 학비는 물론이거니와 학생들에게 생활보조비까지 지급해주는 박사 준비과정이었다. 국립아틀리에는 그 당시 미라보 다리Pont Mirabeau 근처, 나폴레옹이 설립한 국립왕정인쇄소 안에 있었다. 포트폴리오로 입학 면접심사를 받고 합격통지서를 받았다. 동양인은 처음이었다.

스위스 출신의 교장이었던 피터 켈러 씨는 디자인 역사와 이론까지 해박한 지식을 저장해 둔 사람이었지만 학생들은 그를 좋아하지 않았다. 아내가 그를 떠난 뒤 사냥개와 함께 남겨진 피터 켈러 씨는 알코올 중독이 되어 있었다. 점심식사와 곁들여 낮술을 마시고 오페라를 크게 틀어놓거나 강의실에 들어와서 웃기지 않는 농담을 늘어놓곤 했는데, 이런 것이 용서가 되었던 것도 실은 알코올 덕분이었다.

2년 후 아틀리에를 졸업할 때 즈음, 그는 코카콜라에 중독되어 있었는데 알코올 중독일 때보다 강팍한 인간으로 변해 있었다. 프랑스 친구들이 입을 모아 이렇게 말했다.

"역시 코카콜라는 포도주보다 나빠."

나보다 일 년 먼저 들어왔던 연수생 중에는 루카라는 친구가 있었다. 스위스 로잔Lausanne에서 온 루카는 이탈리아 억양이 아주 심하게 섞여서 그의 프랑스어는 알아듣기가 어려웠다. 루카는 내가 이해하지 못하는 눈치면 다시 영어로 설명해 주었는데, 그의 이탈리아 억양은 어디나 달라붙어 있어서 곤혹스러웠다. 한국말을 막 배운 외국인이 경상도 사투리를 이해하는 것과 비슷한 어려움이 아니었을까?

루카는 겨울에는 늘 똑같은 밤색 반코트를 입고 호주머니에 손을 넣고 다녔다. 서울에서 온 촌뜨기 디자이너인 나에게 루카는 세련된 유럽 디자인을 눈 뜨게 해준 특별한 친구였다.

아틀리에에는 열 명 정도의 학생이 있었는데 항상 국립인쇄소의 구내식당에서 같이 점심을 먹었다. 어느 날 정체불명의 고기를 입에 넣고 오물거리다가 앞에 앉은 루카에게 물었다.

"이 고기는 대체 무슨 고기니?"

"라빵!"

갸우뚱하는 내 표정을 보더니 루카는 머리에 두 손을 올려 깡총거리면서 말했다.

"레빗, 레빗"

그 말을 듣는 순간 나도 모르게 입안에 있던 고기가 접시 위로 쏟아졌다. 프랑스어도 식문화도 전혀 소화를 못 시키고 있던 시기였다. 영어와 독어, 프랑스어 게다가 이탈리어까지 능통한 루카가 대우 물방울 세탁기의 원리를 설

명하고 있는 것을 보고 있으면 절망스러웠다.

몇 개월이 지나 프랑스 친구가 나에게 비밀을 털어놓듯이 말했다.

"루카의 엄마가 바로 오드리 헵번이야."

그 말을 듣고 웃음이 나왔다.

"그럼 우리 아빠 그레고리 펙이다."

루카는 나보다 1년 먼저 아틀리에를 졸업하고 톰슨이라는 회사에 디자이너로 취업했다. 몇 년이 지난 뒤, 우연히 서점에서 오드리 헵번의 사진집을 뒤적이다가 입이 귀 언저리까지 올라간 채 웃고 있는 루카의 모습을 발견했다.

"어머머머머…."

깜짝 놀랄 때면 여지없이 한국말이 튀어나온다. 나는 천천히 사진집을 넘겼다. 루카가 아틀리에에 온 1993년은 오드리 헵번이 세상을 떠난 해였다. 그의 슬픔과 고통을 눈치 챌 수 없었던 것은 나의 짧은 프랑스어 때문이었을까?

뤼드박^{rue de Bac} 거리에 들어설 때마다 이 거리에 살았던, 세상에서 가장 아름다운 여자를 엄마로 가졌던 루카가 그 사실로 행복하지 않았다는 친구의 귓속말이 떠오른다. 혹시 파리의 길모퉁이에서 그를 만나게 되면, 이젠 그리 짧지 않은 프랑스어로 회포를 나눌 수 있을 텐데….

나비효과, 인간은 아주 우연한 단초로 인생이 바뀐다. 국립아틀리에에 들어가서 난 지금의 남편, 올리브를 만나게 되었다. 내가 국립아틀리에를 우연히 발견하게 된 것은 파리의 어느 인포메이션 센터에서 내 시선을 잡아끌었던 루카의 포스터 한 장이었다.

프랑스식 결혼식

프랑스에서는 웨딩
드레스도 웨딩
세레모니도 옵
션이다. 아니
다. 결혼 자체가
옵션이다. 반드시 웨
딩드레스를 입을 필요도 없
고, 반드시 결혼을 하지 않아도
흠 잡힐 일은 전혀 없다.

올리브를 처음 만난 해 여름, 프랑스의 유명한 칼라디자이너 장 필립 랑클로 Jean Philippe Lenclos 씨의 디자인 사무실에서 병원 사인 디자인을 같이 하자는 제의를 받았다. 프랑스 디자이너들과 일하는 것은 처음이었는데, 데드라인이 가까워도 퇴근시간만 되면 하던 일을 덮어두고 칼같이 퇴근했다. 그리고 점심시간 수다는 유난히 길었다. 혼자 밤을 새워 일을 마친 나에게 장 필립 랑클로 씨는 기분 좋게 계약금의 두 배를 지불했다.

그때 올리브가 그리스 여행을 제안했다. 태어나서 처음으로 바캉스를 떠난 곳이 그리스의 미코노스 Mikonos 섬이었다. 그렇게 투명한 바다와 햇빛은 처음 봤다. 지중해는 따뜻했고, 이국적인 장소는 충분히 낭만적이었다. 바캉스라는 것은 시간이 멈춘 것처럼 고요했다. 바닷가에 앉아서 무료하게 맥주를 마시면서 옆에 앉아 책을 읽고 있는 남자가 낡은 스웨터처럼 편안하다는 생각이 들었다. 유행을 타지 않는 낡은 스웨터 말이다. 로맨틱한 기분보다는 확신에 가까웠다.

"나랑 결혼하지 않을래?"

한국말은 꼭 이렇게 반어법을 사용하게 만든다. 올리브가 대답했다.

"태어나서 들은 말 가운데 가장 흥분되는 문장인 걸."

올리브는 나를 만난 지 9개월 만에 독신 생활에 마침표를 찍었다. 레이먼드 커버 Ramond Caver의 말대로 인생이 그야말로 전대미문이었던 시절이었다. 서울에 계신 부친은 딸의 결혼을 흔쾌하게 승낙하셨다.

"어차피 세계가 글로벌해지는데 결혼도 마찬가지 아니겠니?"

어렸을 적에 이상하게 교회와 결혼식에만 가면 졸렸다. 결혼식에 가서 웨딩드레스를 입고 두터운 화장을 한 신부를 볼 때마다 저런 사건을 피할 수만 있다면 얼마나 좋을까, 그런 생각을 했었다. 신부의 엄마와 신부가 우는 모습을 볼 때마다 난 그게 누구였든 붙들고 같이 울고 싶어졌다. 결혼식에 대한 나의 감정은 한마디로 졸림과 슬픔이었다.

인간의 선택이라는 것을 쪼개서 현미경으로 들여다볼 수 있다면, 분명 과거의 경험들 속에서 획득된 작용과 반작용이 미세한 입자로 모여 있지 않을까? 그렇다면 과년한 나이에 프랑스로 날아간 것이 어쩌면 무거운 결혼식을 피해서였을까? 어쩌면 그랬을지도 모른다. 프랑스에서는 웨딩드레스도 웨딩 세레모니도 옵션이다. 아니다. 결혼 자체가 옵션이다. 반드시 웨딩드레스를 입을 필요도 없고, 반드시 결혼을 하지 않아도 흠 잡힐 일은 전혀 없다.

올리브가 시청에서 받아온 결혼계약서를 읽어주는데 내 정신은 온통 결혼식 파티에만 쏠려 있었다. 집을 사는데 재산권에 전혀 관심이 없고, 아파트 치장에만 관심 있는 여자와 무엇이 달랐을까?

프랑스에서는 신랑이 신부의 웨딩드레스를 보는 것이 터부라고 했다. 터부는 내가 상관할 바가 아니었다. 신부의 드레스는 신랑 마음에도 들어야 하는 것 아닌가? 그래서 올리브를 동반하고 드레스를 고르러 나갔다. 웨딩드레스숍에서 내 눈에 들어온 것은 아주 심플한 미니스커트 드레스였다. 짧은 드레스에 어울리는 챙이 넓은 밀짚모자도 골랐다. 드레스를 입고 거울 앞에 섰는데 다른 드레스는 입어 볼 필요도 없단 생각이 들었다. 물건을 고를 때 선택이 명백할 때는 별로 고민하지 않게 된다. '아 드레스 허리는 마음에 드는데, 치마 라인이 마음에 들지 않아.' 이런 생각이 들면 그냥 포기하는 것이 낫다. 드레스를 고르고 나서 계산대에 섰는데 올리브는 나에게 계산을 양보하는 것이 아닌가? "어머, 신부가 웨딩드레스를 사 입고 결혼하는 나라도 있니? 한국에서는 안 그래. 나는 이런 결혼이라면 안 할래.”

깜짝 놀란 올리브는 예약금을 지불했다. 그리고 시어머니에게 한국의 결혼 법도를 설명해 드린 것 같다. 몇 주 후, 시어머니가 직접 웨딩드레스 숍에 오셔서 내 몸에 맞게 수선된 드레스의 잔금을 치러주셨다. 그리고 나는 결혼을 했다. 파리에 온 지 2년 반 만의 일이었다. 결혼식 피로연은 파리 북쪽의 조그마한 성이었는데, 한국에서 온 가족들까지 하객들이 적지 않았다.

프랑스에서 성공적인 결혼식을 좌우하는 것은 결혼 피로연 파티다. 여든이 된 올리브의 친할머니와 외할머니는 새벽 세 시까지 춤을 추셨다. 우리 부친은 독일병사처럼 일어나서 하객들에게 ‘건배’를 외치셨다. 게다가 모든 하객들과 거침없이 의사소통을 하셨는데, 물론 전부 한국말이었다. 학교 친구가 연주해준 아코디언 춤곡은 피로연의 백미였고, 연극을 하는 친구들의 토막극은 감동적인 선물이었다. 결혼식은 성공적이었다.

몇 년이 지나, 한국의 시어머니가 신부의 웨딩드레스를 사주는 결혼 법도가 없다는 것을 이야기해준 사람은 프랑스 남자와 결혼한 이웃 선배님이셨다. 어떻게 그런 상상을 할 수 있냐며 나를 마음껏 조롱하시며 웃으셨다. 이게 모두 결혼식만 가면 졸았던 탓이었다. 하지만 어쩌겠는가? 기분 좋게 며느리에게 웨딩드레스를 선물하셨고, 만족해하셨으니 그냥 비밀에 부치는 편이 나을 것 같았다.

나는 종종 시어머니를 초대해서 점심식사를 한다. 드레스 값을 다 갚으려면 아직도 몇 해가 남았다. 난 시어머니를 정말 깍듯하게 모신다. 웨딩드레스 바가지 씌우는 여자는 있을지언정, 아마도 시어머니 모시는 법도를 모르는 한국 며느리는 없을 것이다.

"50년 된 가구가 낡아서 수리하는
가격이 그 비슷한 가구 사는 가격과
맞먹는다면 프랑스 사람들은
그 돈을 주고 수리합니다.
그 가구에는 시간이 담겨 있기
때문이죠."

다락방 세일

서재를 둘러싸고 있는 책꽂이 앞으로 책이 수북이 쌓이기 시작하면서 더 이상 책을 둘 공간이 없어졌다. 서재는 정확히 창고로 변해가고 있는 중이다. 책을 읽지 않고 먹어 치운다면 얼마나 좋을까? 정신을 채우는 동시에 배도 채우고, 책 때문에 없어지는 공간 문제로 부부싸움을 하지 않아도 되고…. 빽빽한 책으로 무너져 내릴 것 같은 서재를 둘러보면서 올리브에게 말했다.

"파리에서 공간이 가지고 있는 재산적 가치를 생각해 봐. 이런 공간을 창고로 쓴다는 건 매우 사치스러운 행위라고. 책은 늘어나지만 서재는 고무줄처럼 늘어나지 않잖아? 근본적인 대책을 세워야 할 것 같아."

제법 침착하고 논리적인 서두였다. 그러나 상대는 아무런 대꾸가 없었다.

"이것 보라고. 당신이 팔십이 되면 지금보다 책이 두 배로 늘어날 거 아냐? 이러다간 정말 책에 깔려 죽게 될 거라고."

"아냐. 나이가 들면 책을 읽는 속도도 줄어들어. 두 배는 아니고 1.5배 정도 되겠지."

MAGNETS 3€
2 POUR 5€
H&M

올리브는 무덤덤한 말투로 대답했다.

어떤 기막힌 방안을 고안하더라도 제한된 공간에 팽창하는 책에 대한 욕구는 수학적 공식으로는 답이 나오지 않는다. 나는 답을 풀기 위해서 우선 공간이 제한된 사실을 인정하자는 쪽으로 초점을 몰아가자 예상했던 반응이 나왔다.

"그럼 서재의 책을 박스에 넣어서 지하 창고로 내려보내면 되겠구먼. 알았어. 하지만 내 손으로는 그렇게 못해. 당신 손으로 하라고!"

올리브가 발칵 소리를 질렀다. 아니 내가 뭐 손에 더러운 피를 묻히는 살인청부업자쯤 되는 줄 아나.

"그래, 그렇게 좋아하는 책 그대로 끌어안고 잘 살라고. 깔려 죽든 말든 내가 상관할 바가 아니라고."

다음 날 남편의 오래된 동료인 마릴린과 점심을 먹었다. 마릴린은 내 이야기를 듣더니 이렇게 조언을 해줬다.

"가능하면 책을 간수할 수 있는 다른 방법을 생각해 봐. 책을 처분하는 일은 올리브에게는 살을 깎는 고통일걸."

내가 마초 같은 아내라서 남편의 책에 대한 열정을 이해하지 못하는 걸까?

"하지만 말이지, 열정이 족쇄가 된다는 건 문제라고 생각해. 열정으로 자유로워지지 못한다면 말이야."

마릴린이 말했다.

"문화적인 차이도 있을 거야. 너희 나라에선 버리거나 부수고, 새로 짓고 그런 문화가 익숙한 편이니?"

내가 시무룩하게 대답했다.

"그래. 그래서 너희는 루브르 박물관을 만들었고, '규장각 도서'를 돌려주지 않는 건지도 몰라. 그걸 돌려주는 게 얼마나 살을 깎는 고통이겠니? 우린 어렸을 적부터 비움을 미덕이라고 배웠어."

맞다. 사실 난 뭐든지 잘 버리고 잘 잊는다. 잡다한 물건을 끌어안고 사는 프랑스 사람들이 놀랍기도 하다. 어쩌면 마릴린의 말대로 문화적인 차이에서 비롯된 건지 모른다.

얼마 전, 배달원의 실수로 주문한 소파의 한 귀퉁이가 찢어졌다. 가구 회사에서 소파 가죽을 바꾸는 기술자를 보내주었는데, 초인종을 누른 사람은 말끔한 양복차림의 50대 신사였다. 그는 소파 가죽과 똑같은 천으로 만든 양복을 입고 있었다. 소파 가죽을 정성스럽게 바꾸면서 그는 아주 점잖은 말씨로 나에게 이런 이야길 했다.

"50년 된 가구가 낡아서 수리하는 가격이 그 비슷한 가구 사는 가격과 맞먹는다면 프랑스 사람들은 그 돈을 주고 수리합니다. 그 가구에는 시간이 담겨 있기 때문이죠."

프랑스에서는 집집마다 오래된 물건들은 카브cave라는 창고에 보관한다. 벼룩시장이나 다락방 비우기 세일에 물물교환 되기도 한다. 시간으로 광을 낸 물건들이 이곳에서 그 빛을 발한다.

화창한 날이면 센 강변에 즐비한 헌책방 상인들의 초록색 나무 궤짝을 구경하며 산책하는 것이 올리브의 즐거움이다. 나에게는 그냥 줘도 갖지 않을 물건들뿐인데…. 그러던 어느 날, 그 헌책방에서 아주 오래된 엽서 한 장을 들여다봤다. 짧은 시간, 곰팡이 냄새를 타고 1910년 그 엽서 속으로 여행한 기분이었다. 정말 오묘한 일이었다.

다른 별에서 온 사람들

Les chaussons & L'écharpe

슬리퍼와 스카프

다음 날, 올리브 집에 스카프를 두고 온 것을 알았다. 하지만 짧은 프랑스어로 전화를 거는 일은 선뜻 내키지 않았다. 스카프를 포기할까 한 달쯤 망설이다가 결국 전화를 걸기로 마음을 먹고 나서, 내가 할 말을 메모했다. "널 내 스카프와 같이 만날 수 있을까?"

저녁 여섯 시 반, 아파트 문이 달깍하고 열리는 소리가 들린다. 올리브다. 난 습관적으로 내 발을 쳐다본다. 올리브의 실내화가 신겨 있다. 현관으로 나가 올리브에게 비주를 하고 겸연쩍게 웃으면서 실내화를 벗는다.

"덥혀 놨어."

올리브는 실내화를 신으면서 날 흘겨본다. 난 집 안의 실내화를 신어다가 동선 끝에 한 짝을 벗어놓는 습관이 있다. 침대 밑이나 책상 밑에는 실내화가 수북하게 쌓여 있다. 이런 행동은 물론 나도 모르게 이루어진다. 발에 양말 한 짝만 신겨져 있는 날도 많다. 야채 깎는 칼과 커피 스푼이 집안에서 사라지는 데 내가 한몫을 하는 건 두말할 필요도 없다. 집 안에 사라지는 물건을 일일이 나열하려면 지면이 모자라겠지만, 사실 그것도 자신이 없다. 물건을 잃어버리고, 그게 있었는지조차 깡그리 잊어버리는 경우도 많기 때문이다.

저녁에 올리브가 쓰레기를 버리려고 지하 일 층으로 나가는 소리가 들린다.
조금 있다가 올리브가 부엌으로 저벅저벅 걸어 들어와서는 대뜸 내 엉덩이를
걷어찬다. 째려보는 시선을 따라 내려가면 이상하게 그 사이 올리브의 실내
화가 내 발에 신겨 있는 것이다. 나도 깜짝 놀란다.
"어머, 미안."
어떻게 그렇게 빠른 순간 그런 일이 일어났는지 싶다.
"넌 편집증이야."
며칠 전엔 올리브가 스푼 서랍을 열어 놓고, 형사 같은 말투로 말했다.
"빨리 사라진 커피 스푼들을 찾아내!"
나도 그러고 싶지만 불가능한 일이라는 걸 안다.
"흥분하지 말라고. 잃어버리거나 없어지는 것도, 사물이 마모되는 것과 비슷
한 현상이라고 받아들여."
자신의 결점을 받아들이는 데는 자책보다는 명상이 낫다. 철학도 때로는 도
움이 된다.
솔직히 나의 정신은 잠시, 그것도 자주 외출을 한다.
올리브는 학교 친구 필립의 소개로 처음 만났다. 영화를 보고 일본 레스토랑
에서 저녁을 먹었다. 그날 메뉴를 잘못 읽어 닭껍질구이를 시켜놓고 당황한
나에게 자기 접시를 밀어주었다. 어쨌거나 어눌한 프랑스어였지만 그가 문
학을 좋아한다는 것쯤은 알 수 있었다. 그날 올리브는 나와 필립을 자기 집
저녁 식사에 초대했다.
올리브가 사는 아파트는 파리 14구의 커다란 거실과 식당이 딸려 있는 근사
한 아파트였다. 가난한 유학생의 눈에는 다 그랬을 것이다. 거실은 책이 빽

빽한 서재로 둘러싸여 있었다. 벽에 걸린 아프리카의 마스크를 보면서 그의 여행 취향을 알 수 있었다. 그날 올리브는 세네갈 요리를 만들어 주었다. 양파가 많이 들어간 매운 생선요리는 야사쁘와송이라고 했는데, 외국 음식이라면 손사래를 치던 시기였는데도 입에 잘 맞았다.

내가 하고 싶은 이야기의 절반도 표현을 못하는 시기였지만 기분 좋은 저녁 시간을 보냈다. 아마 포도주 기운도 있었을 것이다.

다음 날, 올리브 집에 스카프를 두고 온 것을 알았다. 큰 맘 먹고 산 스카프였는데…. 하지만 짧은 프랑스어로 전화를 거는 일은 선뜻 내키지 않았다. 스카프를 포기할까 한 달쯤 망설이다가 결국 전화를 걸기로 마음을 먹고 나서, 내가 할 말을 메모했다.

"널 내 스카프와 같이 만날 수 있을까?"

'내 스카프를 너와 같이 만날 수 있을까?' 보다는 나을 것 같았다. 수화기 저편에서 메모를 읽는 문장이라고 알아차릴까 조마조마했다.

"스카프는 내가 서랍 속에 잘 보관해 뒀어. 만나서 스카프만 전해 주기는 좀 그러니까 영화나 한편 같이 보는 게 어떨까?"

결과적으로 스카프를 찾으려고 올리브와 만나면서 데이트가 시작되었다. 파란 스카프…. 아이들이 거실에서 음악을 틀어놓고 춤을 출 때마다 이상하게 그 스카프는 벽장에서 따라 나온다. 파란 실크 스카프를 두르고 춤을 추고 있는 아이를 볼 때마다 혼자 중얼거린다.

'너희들 아니? 바로 그 스카프 덕분에 너희들이 이 세상에 존재하게 되었다는 걸.'

다른 별에서 온 사람들

La lettre

편지

우린 이자벨이 보고 싶을 것 같습니다. 왜냐하면 그녀는 전근을 가거든요.
이자벨도 우리가 보고 싶을 거라고 말하지만 사실 난 어느 쪽이 더 어려울지 모르겠습니다.
조금씩 여러 아이들이 보고 싶은 것과 한 사람이 아주 크게 보고 싶은 것과….

핸드폰이나 집 전화 응답기에 누군가 메시지를 남겨 놓으면 확인하지 않는 약간 고약한 습관이 있다. 핸드폰 배터리를 충전하지 않는 것보다 더 고질병이다. 왜일까? 메시지라는 과거형이 주는 심드렁함 때문인 것도 같다. 나는 종종 메시지를 듣지 않고 3번 버튼을 눌러서 지운다.

올리브가 인도여행을 혼자 떠났던 것이 연애초기 시절이었다. 삼 주 동안 올리브는 하루에 한 통의 엽서와 편지를 썼다. 그런데 막상 프랑스어로 쓰인 필기체는 상형문자만큼 해독이 어려웠다. 깨알 같은 글씨를 대충 훑어보고는 편지를 두둑하게 쌓아두었다. 몇 년이 지나 필기체에 익숙해졌을 때 편지함 속의 편지들을 꺼낸 적이 있었다. 어쩐지 핸드폰에 누군가 남겨놓은 메시지를 듣는 기분이 들어서 편지를 다시 접어두었다.

올리브는 편지를 잘 쓴다. 잘 쓴다는 말은 편지로 의사소통을 자주 한다는 의미다. 아이들을 야단칠 때도, 나에게 중요한 이야길 할 때도 편지를 쓴다.

단비가 초등학교 2학년 때였다. 학기 말이었고 담임선생님이었던 이자벨이 프랑스 남부 툴루즈Toulouse로 전근을 가기 때문에 선물을 무엇으로 할까 궁리하던 중이었다.

올리브는 서재에서 며칠 동안 이자벨을 위해서 서프라이즈 스피치 원고를 썼다. 〈꼬마 니콜라〉 형식으로 쓴 원고는 단비가 읽을 계획이었다. 한 학년이 끝나는 6월 말, 학교에서는 케르메스라는 축제가 열린다. 단비는 교장선생님에게 스피치 계획을 귀띔해 놓았다. 반 아이들의 합창이 끝나고 나서 단비가 단상에서 내려오지 않고 마이크를 잡자 이자벨이 깜짝 놀라 단비를 쳐다봤다. 단비는 약간 긴장한 목소리로 침착하게 편지를 읽었다.

"오늘 저녁, 난 여러분에게 담임선생님 이자벨이 좋은 선생님이라는 말을 하고 싶습니다. 처음엔 우리 반 아이들과 〈꼬마 니콜라〉 형식으로 써 보려고

했습니다. 그런데 아무도 아양을 떠는 아녕이나, 먹는 걸 밝히는 뚱보 세레스트를 하지 않겠다고 했어요. 반대로 친구들 모두 주먹으로 아이들을 패는 오드를 하고 싶어했지요. 아이들이 하도 싸우는 바람에 이건 너무 재미가 없으니 〈꼬마 니콜라〉는 포기하자고 설득을 해야 했습니다.

제가 우리 담임선생님 이자벨이 정말 좋은 선생님이라고 벌써 말했는지 모르겠습니다. 비록 저희 아빠가 아름다운 여자 선생님을 깨물지 않고 비주를 할 수 있는 것이 다행이라고 농담을 하지만 말이죠. 저는 도대체 왜 아빠의 농담이 다른 아빠들을 웃기게 만들고 우리 엄마를 화나게 만드는지 모르겠습니다. 어쨌거나 누군가를 화나게 만드는 일은 별로 재미없는 일이지요.

전 여기서 아빠의 농담을 이야기하고 싶지 않지만, 우리 선생님은 정말 대단한 사람이라는 것을 말하고 싶습니다. 학기 초에 이자벨이 바닷가에 야외학습을 데려간다고 했을 때 아빠가 제 노트에 '대체 야외Externee가 무슨 뜻이죠?'라고 써놓았고, 선생님이 '사전을 찾아보면 알 수 있을 것'이라고 답장을 쓴 뒤에 얼마나 많은 농담이 오고 갔는지 노트를 전달하는 일이 짜증 날 정도였어요 야외라는 말은 사전에는 없는 말이지만 일반적으로 쓰는 단어다. 올리브는 선생님이 사전에 없는 말을 쓴다고 무안을 주려고 농담한 것이다. 어쨌든 그녀는 정말 대단합니다. 하지만 그건 우리들이 좀 괜찮은 이유도 있지요. 사실 이자벨이 형편없는 아이들을 가르치는 것보다 우리같이 괜찮은 아이들을 가르치는 것이 좀 수월하지 않겠습니까?

우린 이자벨이 보고 싶을 것 같습니다. 왜냐하면 그녀는 전근을 가거든요. 이자벨도 우리가 보고 싶을 거라고 말하지만 사실 난 어느 쪽이 더 어려울지 모르겠습니다. 조금씩 여러 아이들이 보고 싶은 것과 한 사람이 아주 크게 보고 싶은 것과…. 우리 담임선생님은 이런 스피치를 좋아하지 않는다고 합니다. 어쨌든 아빠는 아무것도 쓰지 않았으니 다행이죠. 하지만 만약 아빠가 인사말을 썼다면 이자벨도 무척 감동을 받았을 것 같고, 저도 그랬을 겁니다. 모든 반 아이들의 이름과 학부형의 이름을 대표해서

"이자벨 너무 고마워요."

스피치가 끝났을 때 단비의 뺨에 입을 맞추면서 이자벨은 눈물을 흘렸다. 전근을 떠나기 전에 이자벨은 '세상에서 가장 감동적인 선물을 받았다'며 단비에게 자그만 선물을 남겨줬다. 지금도 이자벨은 잊지 않고 편지와 엽서를 보낸다. 우편함 속에서 초등학교 교사의 바른 글씨체로 단비 이름이 쓰인 봉투를 집을 때마다 단비가 외친다.

"이자벨이야."

각설탕

한국적인 헝그리 정신과 프랑스 각설탕과
의 만남은 상극이었다. '아그작'하고 씹히
는 크리스털 설탕을 자몽에 뿌려 먹어야
맛이 난다는데, 아니 백설탕 뿌려 먹으
면 뭐 덧나니? 사소한 부분에 매달리
는 그를 이해할 수 없었다. 대충 살
라고 할 때마다 올리브의 대답은
똑같았다. '아니, 즐거움을 누리
는 데 필요한 장치를 왜 철회
하라는 거지?"

커피를 마시다가 각설탕을 입에 무는 나를 보면서 올리브가 말했다.

"조심해. 그러다간 당신도 여행갈 때 각설탕을 챙겨야 하는 일이 생긴다고."

아침에 올리브는 커피를 마시면서 각설탕을 입에 넣고 가장 행복한 표정으로 마지막 커피 한 모금을 홀짝 비운다. 각설탕이 없는 아침식사는 그의 말에 따르면 뭔가 빠진 것 같은, 빠져도 크게 빠진 것 같은 그런 느낌이란다.

각설탕이 없는 아침, 올리브는 조금 이상해진다. 신경이 예민해지고 화를 낸다. 설탕의 취향이 까칠한 남자랑 살면서, 프랑스에는 성가시게도 설탕의 종류가 그리 많다는 사실에 깜짝 놀랐다. 크레프와 무가당 요플레에 넣는 크리스털 설탕, 요리에 필요한 백설탕, 크렘 브휠레**Crème Brûlée**에 얹어 먹는 흑설탕, 아이스 설탕도 있다. 이 가운데 하나라도 떨어지면 올리브는 다급하게 포스트잇 위에 적는다.

'크리스털 설탕을 살 것. 잊지 말 것.'

지난 세월, 난 이 남자의 이 다양한 설탕 취향에 화가 났다.

'단맛이 나면 다 그게 그거지, 뭐.'

한국적인 헝그리 정신과 프랑스 각설탕과의 만남은 상극이었다. '아그작'하고 씹히는 크리스털 설탕을 자몽에 뿌려 먹어야 맛이 난다는데, 아니 백설탕 뿌려 먹으면 뭐 덧나니? 사소한 부분에 매달리는 그를 이해할 수 없었다.

'대충 살아!'라고 할 때마다 올리브의 대답은 똑같았다. '아니, 즐거움을 누리는 데 필요한 장치를 왜 철회하라는 거지?"

대의를 위해 사소함을 희생하는 주문들에 익숙해진 나에게 즐거움이라는 이름으로 뒤집어쓴 그 까다로운 장치는 참을 수 없이 불편했다. 사실 나에게 인생은 도전과 쟁취였지 즐거움의 대상이 아니었다. 더불어 사는 것은 이론으로 배웠고, 팔꿈치를 제치고 먼저 나가는 순발력을 걸음마처럼 배웠다. 바캉스가 많은 프랑스인들을 부러워했으면서도 바캉스만 떠나면 '대체 이렇게 살아도 되는 건가.' 슬그머니 불안해지는 적이 더 많았다.

프랑스적인 삶 속에서 나는 링에서 내려온 권투선수가 아니었을까? 그렇다면 정작 나의 즐거움은 무엇이었을까? 노동이 쓸모 있는 가치를 창출할 때를 제외하고는 실제로 내가 가지고 있는 즐거움의 리스트는 궁핍했다. 게다가 나와 다른 태도로 즐거움을 누리고 사는 사람이 있다는 걸 인정하는 데 자그마치 10년이 넘게 걸렸다.

각설탕을 넣고 커피를 홀짝 마신다. 입 안에 에스프레소와 함께 설탕이 사르르 녹는다. 설탕 엑기스와 커피향이 입 안에 남는다. 별 것 아닌 사소한 즐거움을 빼면 정작 인생에 남는 즐거움은 뭘까? 사소한 즐거움들이 알알이 모인 것이 행복이 아닐까? 하늘이 파란 여름날 저녁, 아이들이 정원에서 뛰어 노는 소리, 바비큐에서 구워지는 생선 냄새, 로제 와인 한 잔만 가지고도 행복해지는 방법을 조금씩 터득한다. 언제부턴가 여행을 떠날 때 내가 제일 먼저 각설탕을 챙긴다.

TRIPORTEUR

사용설명서를 꼼꼼하게 읽는 사람들은
1밀리의 오차 때문에 차질이 생기면, 답을 찾기 전에
기업과 국가와 국민을 저주하느라 시간을 낭비한다.
사용설명서를 제대로 읽어 본 적이 없는 나는,
아무도 욕하지 않고 묵묵하고 꿋꿋하게 망치질을 한다.
자신의 오차를 인정하는 자세가 없으면 오차가 1밀리든
1미터든 상황을 진전시키지 못하는 것은 마찬가지다.

이케아 징크스

프랑스에는 집집마다 이케아 징크스가 있다고 한다. 집 안에 필요한 사소한 가구를 사기 위해 공장만한 이케아 상점을 두 시간 돌고 나면 필요하지도 않은 물건을 산더미처럼 사가지고 나오는 것이 바로 '이케아 징크스'다.

우리 집 이케아 징크스는 좀 다르다. 이상하게 그곳에 가는 날이면 어김없이 비가 온다. 그리고 그곳에 가면 사소한 것을 가지고 올리브와 티격태격 싸우게 된다. 이케아가 있는 교외 주택가가 나에게 음산한 이유는 비오는 날, 화가 머리끝까지 치밀어 운전석을 쳐다보지 않고 창문 밖을 내다보았기 때문이다.

오늘은 예외였다. 날씨가 화창했고, 세 시간이나 이케아에 있는 동안 한 번도 싸우지 않고 다정하게 계산대를 떠날 수 있었다. 올리브는 집에 돌아오자마자 아이 방에 못을 박기 위해서 장비를 꺼냈다. 액자 하나를 걸기 위해서 못

을 박는 올리브 앞에 엄청난 장비들이 놓여 있었다.

올리브는 못을 박을 때 꼭 아내인 나를 부른다. 어디나 못을 박을지 못의 위치를 지정해 달라는 뜻이다.

"여기!"

벽 위에 손가락으로 대충 가리키면, 올리브는 잽싸게 연필로 표시를 했다.

바닥엔 빨간 불이 깜박거리며 충전되고 있는 드릴, 연필, 자, 수평을 맞추는 자까지 널려 있다. '벽에 못 하나 박는데 어찌하여 수평자가 필요할까?' 갑자기 속이 뒤집힐 것 같았다.

'꼼꼼한 성격이라고? 세상에⋯. 저건 오버야.'

몇 년 전 독일 여행을 하다가 디자인이 깔끔한 수건거리를 하나 사온 적이 있다. 집에 돌아와서 수건거리를 욕실에 다는데, 그날도 올리브는 수평자와 드릴을 가지고 벽과 씨름했다. 나사못을 몇 개 망가뜨리면서 드릴을 만든 보슈 회사를 욕하기 시작했다.

어찌어찌 구멍을 뚫고 받침대를 넣은 다음, 수건거리가 받침대에 들어가지 않는 대목에 이르러서는 전 독일 국민을 욕을 하는 지경에 이르렀다. 욕실에 들어갔더니 올리브는 절망스러운 표정으로 나에게 사용설명서를 내밀었다. 난 사용설명서 대신 망치를 뺏어 들고 올리브에게 말했다.

"잠깐 나가."

수건거리의 폭을 망치로 살짝 두들겨 조절하는 건 식은 죽 먹기였다. 사용설명서를 꼼꼼하게 읽는 사람들은 1밀리의 오차 때문에 차질이 생기면, 답을 찾기 전에 기업과 국가와 국민을 저주하느라 시간을 낭비한다. 사용설명서를 제대로 읽어 본 적이 없는 나는, 아무도 욕하지 않고 묵묵하고 꿋꿋하게 망치질을 한다. 자신의 오차를 인정하는 자세가 없으면 오차가 1밀리든 1미터든 상황을 진전시키지 못하는 것은 마찬가지다.

올리브는 아니나 다를까 못질을 시작하자마자 거칠게 한숨을 내뿜고 사태의 심각성을 알리고 있었다. 그게 날 부르는 소리다. 방에 뛰어 들어갔더니 큰 암나사와 수나사 이런 복잡한 시스템 덩어리가 벽에 깊숙이 들어가서 벽이 아예 함몰되고 있었다. 그의 말대로 벽은 정말 버터처럼 부드러운 것 같았다. 하지만 그걸 벽의 잘못이라고 욕을 할 수 있는 건 아니잖나.

세상이 열 번 뒤집어져도 바뀌지 않는 건 불같은 아내의 성격이다.

"이게 뭐야? 아니 왜 벽이 함몰될 때까지 벽을 뚫느냐고?"

올리브는 궁색하게 자신을 방어한다.

“그래 어디 더 크게 소리 질러 봐.”

난 그 말을 듣고 더 목청을 높인다.

“못 하나를 박는데 왜 터널을 뚫느냐고? 왜 망치만 들면 사고를 치냐고?”

이런 사람들을 위해서 강력 접착 붙박이가 있는데, 대체 왜 벽에 터널을 뚫게 내버려 두었을까? 이미 엎질러진 물이다. 내가 할 수 있는 일이란 다른 방에 가서 우선 마음을 진정시키는 것뿐이다. 그런 상황에서 같이 망치를 들면 큰 사고를 칠지 모르는 사람들이 있다. 조금 있다가 올리브가 날 불렀다.

“와서 봐.”

수습한 상황에 아주 만족한 표정이었다. 벽에 난 구멍을 액자로 반쯤 가려놓았지만 내 눈에는 함몰된 벽이 보였다. 내가 조용히 말했다.

“다음부터는 망치 들지 마.”

이놈의 이케아 징크스는 오늘도 깨지지 않았다.

세상에서 가장 아름다운 길

시골집에 도착해서 짐을 풀면 제일 먼저 개구리 연못을 방문하는 것이 이곳의 의식이다.
시골집 앞의 오솔길을 따라 올라가면 조그만 개울이 있는데, 바로 그 안에 사는 개구리를
잡으려 가는 것이나. 물론 한 번도 개구리를 잡아 본 적이 없다.
어른이나 아이들이나 간절한 소망이라는 것은 늘 손에 잡히지 않는 것을 가지려는
욕망에서 비롯되는 모양이다.

Le plus beau
chemin du monde

누군가 '프랑스에 산다는 것은?' 하고 물어본다면 이렇게 대답할 수 있을 것이다. 두 달마다 다가오는 바캉스를 계획하는 일로 시간과 머리와 구좌를 쥐어짜는 것. 프랑스 사람들의 성공한 삶의 기준은 아파트 평수보다는 바캉스를 멀리, 오래 떠날 수 있는 것이 아닐까?

A6는 파리 남쪽에서 시작해서 부르고뉴Bourgogne 지방을 지나 리옹Lyon에 닿을 수 있는 고속도로다. 남쪽으로 향하는 고속도로의 주변에는 봄이면 유채꽃 지평선이 끊임없이 펼쳐진다. 연노랑 유채 벌판이 짙은 색으로 바뀌면 봄에서 여름으로 그렇게 계절이 바뀐다. 부르고뉴 북쪽에 있는 모르방Morvan이라는 지역은 국립공원으로 지정이 된 곳이다.

들판에 풀을 뜯는 소들과 양떼들의 풍경이 목가적인 이곳에 올리브 부모님은 40년 전 조그만 농가를 장만하셨다. 소박한 농가의 구석구석에는 시아버지 제라르의 손때가 묻지 않은 곳이 없다. 여름 별장으로 쓰이는 시골집에서 아이들은 유년의 바캉스를 보내며 자랐다.

현비는 요즘도 날씨 좋은 주말이면 햇볕을 쬐며 눈을 감고 종종 이렇게 말한다.

"모르방에 가고 싶어…."

잠자리를 잡으러 쏘다니던 벌판의 바람과 숲 속에서 나는 버섯 냄새, 모르방의 짜릿한 햇살 맛은 어떤 고급스러운 여행과도 바꿀 수 없다는 것을 나는 알 수 있다.

모르방 시골집에 도착해서 짐을 풀면 제일 먼저 개구리 연못을 방문하는 것이 의식이다. 시골집 앞의 오솔길을 따라 올라가면 조그만 개울이 있는데, 바로 그 안에 사는 개구리를 잡으러 가는 것이다. 물론 한 번도 개구리를 잡아 본 적이 없다.

어른이나 아이들이나 간절한 소망이라는 것은 늘 손에 잡히지 않는 것을 가지려는 욕망에서 비롯되는 모양이다.

긴 막대기와 잠자리채를 들고 오솔길을 따라 올라가는 아이들의 표정은 마냥 행복해 보인다. 그 길이 나에게 세상에서 가장 아름다운 이유이다.

길 가장자리로 무성한 고사리 잎은 이미 가을색이 들어 있다.

"엄마, 내가 개구리 우물가에 빠진 게 몇 살 때였지?"

단비는 세 살 때, 고모랑 개구리를 잡으려다 개울 안으로 풍당 빠졌던 적이 있다. 한순간을 깊이 경험할수록 경험은 더 많이 축적된다고 한다. 그 기억이 단비에게 오래 남는 이유도 그럴 것이다.

개구리 우물의 주인인 크리스티앙의 검은 개가 문 뒤에서 인기척 소리를 듣고 짖어댄다. 현비는 그 개를 따라 짖는 흉내를 낸다.

HIGH
ROYALS
R
9

개구리 우물가에 제일 먼저 도착한 현비가 나를 돌아보면서 손가락을 입에 대며 말한다.

"쉿, 조용히."

아무리 살금살금 들어가도 우물가에 있던 개구리들은 우리보다 더 재빨리 우물 속으로 뛰어든다. 개구리 우물가를 산책하는 큰 즐거움은 바로 풀밭을 밟을 때 '후두둑'하고 우물 속으로 뛰어드는 개구리를 발끝으로 느끼는 순간이다. 개울가를 한 바퀴 돌고 나면 개구리들은 모두 우물 속으로 뛰어 들어간 뒤다. 현비는 들판이 보이는 덤불 앞에 쪼그리고 앉는다.

"여기 가끔 개구리가 숨어 있기도 해."

쪼그려 앉은 뒷모습을 보면 바지 위로 영락없이 도톰한 엉덩이가 드러난다.

현비는 뭐가 신나는지 연신 깔깔대고 웃는다. 그리고는 개구리 암자 위에 서서 몇 번을 뛰다가 벌판을 향해 소리친다.

"너희들은 잘 있니? 난 다음 주에 학교 간다."

멀리 들판 끝으로 보는 숲에서 메아리가 대답을 한다. 현비가 혼자 중얼거린다.

"엄마. 오늘 재들은 기분이 안 좋은가 봐. 자꾸 이상한 말투로 따라 하잖아."

나뭇가지와 잠자리채로 개구리 연못을 휘젓고 나서는 의식을 마친 개선장병들처럼 오솔길을 내려오면 그만이다. 시골집 이웃 배불뚝이 리차드가 아내와 밭일을 하다 말고 우리에게 손을 흔든다.

"이따 저녁에 아페리티프aperitif, 식사 전에 애피타이저로 마시는 여러 종류의 알코올 음료 마시러 와!"

오후가 되면 아이들과 벽난로의 장작에 마시멜로를 구워먹고 블랙잭을 한다. 올리브가 현비에게 말했다.

"너 수학시간에 덧셈의 답이 21이 나온다고 '블랙잭이다!' 이렇게 소릴 지르면 안 돼."

현비는 상상만 해도 즐거운지 깔깔대고 웃는다. 저녁 무렵 집을 나서면 멀리 전나무 숲에서 바람 소리가 들린다. 올리브는 항상 그랬던 것처럼 공기를 깊게 들이마시면서 아이들에게 말한다.

"폐에 이 공기를 가득 채워."

리차드 집의 지붕 위로 보이는 굴뚝에서 연기가 올라간다. 연기가 타고 올라가는 하늘은 노을로 가득했다. 문득 존 버거의 글귀가 떠오른다.

'풍경은 더 이상 지리적인 대상에 그치지 않고, 전기적이고 개인적인 그 무엇이 된다.'

다른 별에서 온 사람들

이 시골집에서의 하루는 '물건 찾는 일'에서 시작해서 '물건 찾는 일'로 끝난다. 그 사이는 '물건을 못 찾는 사람'과 '물건을 찾은 사람'의 언쟁이다. 어렸을 적 부모님이 그러셨던 것처럼….

아버지는 어머니에게 물건을 달라고 하실 때 이렇게 말씀하셨다.

"거… 거기 있는… 그거 말이야."

거기가 어딘지, 그게 뭔지는 아버님만 아셨지만, 그 물건을 냉큼 못 찾으면 불같이 화를 내셨다.

지구상의 대부분의 남자들과 다르지 않은 올리브도 냉장고 안에 있는 버터를 못 찾는다. 냉장고 문을 열고 늘 하는 말.

"못 찾겠어."

냉장고 문을 연다는 것은 무엇을 찾겠다는 것이 아니라 뭐가 필요하다는 의사 표현에 가깝다.

시골집에서 바비큐를 하려면 화덕부터 그릴, 석탄, 산소를 뿜어주는 펌프 같은 물건들이 필요한데 이상하게도 이런 물건들은 한곳에 모여 있는 법이 없다. 올리브가 바비큐를 위해서 찾아낸 물건은 화덕 하나밖에 없었다. 창고에 들어가서 막대기처럼 꼿꼿하게 서서 둘러보고는 그냥 나온다. 그리고 아주 비관적인 얼굴로 평상시처럼 이렇게 말한다.

"못 찾았어."

계속 지려고 엉뚱한 카드를 뽑는 사람의 얼굴이다. 그리고는 아예 창고에 들어가서 나오질 않는다. 물건을 못 찾고 욕을 먹느니, 계속 찾는 시늉이라도 해서 시간을 벌자는 심산인가 보다. 올리브는 창고에서 빈손으로 나와 심각한 얼굴로 중대한 선언을 하듯 이렇게 말했다.

"당신은 물건을 찾는 데 나보다 십 분의 일의 시간도 걸리지 않으니까 앞으로는 혼자 힘으로 찾는 것이 어떨까? 부탁하고 찾고 싸우는 시간보다 그게 훨씬 빠르지 않겠냐고."

난 쉬지 않고 이렇게 대답했다.

"희망을 버리고 사는 건 종말이야."

하지만 솔직한 심정은 혼자 힘으로 찾는 것, 혼자 힘으로 사는 것이 속편하다는 생각을 할 때가 있다.

저녁을 먹었는데 올리브가 다급하게 불렀다.

"행성을 보여줄게."

저녁 내내 사진기를 들고 정원을 어슬렁거리던 남자가 말했다.

"저기 아주 또렷하게 반짝거리는 별 보이지? 그게 바로 행성이야."

난 행성의 불빛처럼 눈만 껌벅거린다. 창고에 있는 물건은 못 찾으면서 하늘에 있는 그 수많은 별들 속에서 행성을 찾아내는 남자라니, 우린 분명 다른 별에서 온 사람일 게다.

Les gen

l'une autre planète

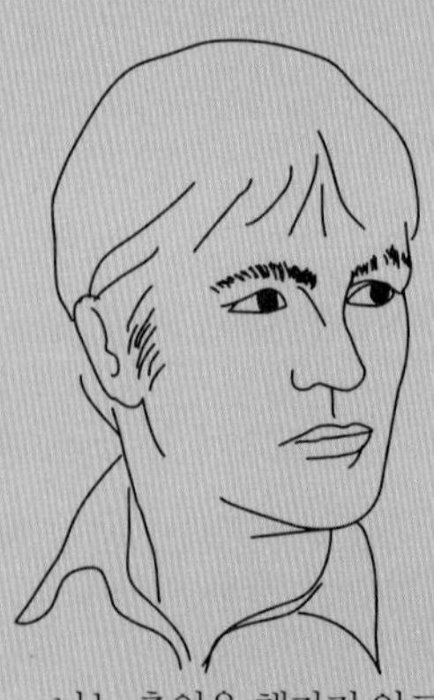

나는 추억을 챙기지 않고서는 여행을 떠나지 않는다.
기차 안에서는 항상 읽을거리가 필요한 법이니까….
—오스카 와일드

오래된 친구와 코냑 가는 길

피에르

Pierre

남과 여

엑스… EX란 전 남편, 전 부인, 전 애인을 지칭할 때 따라붙는 접두사다.
이혼율이 50퍼센트가 넘는 이곳에서 동거율까지 합한다면 지나가는
파리지앵 열 명 가운데 아홉은 누군가의 엑스일 것이다. 커플과 커플 단위로
얽히는 파리지앵들의 친분을 감안할 때 엑스들과의 교통정리는 당사자에만
해당되는 것이 아니다. 엑스 코핀(옛날 여자친구)이 된 카트린,
엑스 코펭(옛날 남자친구)이 된 피에르, 이제는 그리움이나 미움조차
희석될 만큼 세월이 지났다. 카트린은 파리에서, 피에르는 니오르에서
여전히 독신으로 살고 있다.

Un homme et une femme

외모는 물론이거니와 훤칠한 키에 세련된 말솜씨를 가진 피에르, 나이보다
훨씬 젊어 보이는 매끈한 피부를 가진 카트린은 정말이지 멋진 커플이었다.
카트린의 허스키한 음색은 라디오 재즈 프로 DJ의 분위기 있는 목소리처럼
들렸다. 그녀 특유의 억양에서는 어쩐지 엄한 교육을 받고 자란 인상을 주었
는데, 어쩌면 그것은 사려 깊은 듯 보이는 그녀의 조심스러운 행동에서 비롯
된 것인지도 모르겠다.

카트린은 변호사 사무실에 일하면서 변호사 자격시험을 준비하고 있었다.
피에르와 카트린이 7년 만에 한 아파트에 정착하고, 카트린이 변호사 자격시
험에 합격했을 때 둘의 인생은 순조롭게 풀리는 것 같았다. 단지 카트린의 요
리 실력만 빼고는….

그녀로 말하자면 쌀과 물과 가열도구가 모여서 어떻게 밥이 지어지는지 전혀
이해하지 못하는 사람 가운데 한 명이었다. 부엌이라는 공간에 서있는 그녀
를 보면 늘 절망적이거나 망연자실한 표정이었다. 언젠가 카트린의 부모님

 오래된 친구와 코냑 가는 길

의 별장으로 여행을 갔을 때, 파이로 완성되지 못한 밀가루 반죽이 부엌 테이블 위에 잔인하게 흩어져 있던 광경을 본 적이 있다. 그 장면은 마치 요리에 대한 카트린의 내면적인 고통과 번민을 말해주는 하나의 표현주의적 작품 같았다.

파이 반죽을 제대로 성공시켜 본 적이 없는 그녀였지만 미각 하나만은 전혀 손색이 없었다. 아프리카 음식에서 한국 음식까지, 어떤 맛을 묘사할 때 그녀의 표현력과 얼굴 표정은 관능적이라고 해도 과언이 아니었다. 카트린이 좋아하는 한국 음식은 특히 김치, 깻잎, 시금치무침 같은 것들인데, 시금치무침을 먹을 때 그녀의 신음소리는 정말 특이했다.

어느 날 카트린은 나를 보자마자 화들짝 반가워하며 가방에서 무언가를 꺼냈다.

"내가 이 레시피를 찾느라 얼마나 힘들었는지 넌 상상도 못할 거야."

꼬깃꼬깃한 종이를 펼쳐 보여줬는데 어느 잡지에서 오려 낸 '김치 담그는 법'이었다. 잠시 고민을 하다가 그녀의 얼굴을 쳐다보며 말했다.

"그냥 사서 먹어."

카트린이 일상에서 어려움에 부딪히는 경우는 요리만이 아니었다. 어느 날 나딘이라는 친구가 카트린에게 따지듯이 물었다.

"전화는 끊겼다니 그렇다 치고, 대체 메일은 왜 확인하지 않는 거지?"

카트린이 말했다.

"집 전용선에 문제가 있어."

"그럼 회사에서 열어보면 되잖아."

카트린이 놀란 표정으로 말했다.

"회사 인터넷으로도 내 개인 메일을 열어볼 수 있단 말야?"

얼이 빠진 듯한 카트린의 표정을 보면서 나딘이 말했다.

"대신 컴퓨터가 켜 있는지는 먼저 확인해 봐."

하긴, 누구나 팔방미인이 되라는 법은 없지 않은가. 순진함과 무지함 사이를 아슬아슬하게 줄타기하는 카트린은 친구들에게 일종의 일상유머 같은 존재가 되어버렸다.

카트린과 피에르가 동거생활을 시작한 지 얼마 되지 않아 피에르가 일하던 원예협회가 공중 분해되면서 조합원들이 일자리를 잃게 되었다. 피에르는 파리를 떠나면서 동시에 카트린을 떠나기로 결정했다.

"카트린이 변호사가 되기까지 7년을 기다렸어. 그런데 사랑은 기다려주지 않더군."

아이를 낳고 가정을 이루고 싶어 하는 카트린의 바람은 절망으로 바뀌었다. 피에르는 파리보다 일조량이 많고, 부친의 유산으로 물려받은 시골 별장과 가까운 니오르Niort, 프랑스 서부 푸아투사랑트 지방 되세브르 주의 주도라는 도시로 그렇게 훌쩍 떠나버렸다.

엑스…

EX란 전 남편, 전 부인, 전 애인을 지칭할 때 따라붙는 접두사다. 이혼율이 50퍼센트가 넘는 이곳에서 동거율까지 합한다면 지나가는 파리지앵 열 명 가운데 아홉은 누군가의 엑스일 것이다. 커플과 커플 단위로 얽히는 파리지앵들의 친분을 감안할 때 엑스들과의 교통정리는 당사자에만 해당되는 것이 아니다.

엑스 코핀옛날 여자친구이 된 카트린, 엑스 코펭옛날 남자친구이 된 피에르, 이제는 그

 오래된 친구와 코냑 가는 길

리움이나 미움조차 희석될 만큼 세월이 지났다. 카트린은 파리에서, 피에르는 니오르에서 여전히 독신으로 살고 있다.

지난 8년 동안 카트린의 요리솜씨는 전혀 개선되지 않았다. 이젠 아무도 카트린이 차려주는 식탁을 기대하지 않고 카트린도 레시피를 가지고 달려들지 않는다. 이가 없으면 잇몸으로 사는 법. 음식을 만드는 재주가 없으면 만들어진 음식을 사면 되고, 운전을 못 하면 손수레를 끌고 메트로를 이용해서 음식을 배달하면 된다. 불행히도 파리에는 음식배달이 흔치 않기 때문에 직접 사서 들고 가야 한다. 어쨌든 변호사라는 직업에 따라붙는 권위의식을 덜어내게 된 데는 분명 카트린이 있었다.

그녀는 자금난에 허덕이면서도 라비샹카Ravi Shankar 공연을 보기 위해 해마다 모로코 여행을 떠난다. 타로 점을 보러 레바논 레스토랑에 들락거리면서 비록 신비주의적인 방법일지라도 자신의 인생에서 풀리지 않는 외로움의 원인을 찾으려고 노력한다. 몇 년 전 내가 서울을 간다고 했을 땐, 복채와 사주를 주면서 소송 중인 사건에 대해서 물어 봐 달라던 그녀를 보면서 혹시 깻잎과 김치를 너무 좋아한 것이 아닌가 하는 생각마저 들었다.

카트린은 자기도 모르는 사이에 붙는 허벅지의 군살처럼 외로움이 불어나고 있다는 것을 느낄 때면 미지의 나라에서 귀인을 만날 것이라는 점괘에 희망을 걸고 먼 나라로 여행하는 계획을 세우곤 한다.

 오래된 친구와 코냑 가는 길

87년형 푸조 206

기차역으로 피에르가 마중 나왔다. 몇 개월 사이에 턱수염은 더 희끗희끗해진 것 같다. 주차장에서 우릴 기다리고 있는 20년 된 푸조는 아직도 건재했다. 48만 킬로미터를 달린 푸조가 굴러다닌다는 사실 자체가 나에겐 신기함이다.

올리브와 나는 주말에 테제베를 타고 피에르가 사는 니오르로 여행을 떠난다. 멀리서 친구가 찾아오는 것이 군자의 기쁨이라고 했지만 아이들 없이, 커다란 여행가방 없이 떠나는 홀가분한 주말여행은 일상의 기분 좋은 탈출이 분명하다.

몽파르나스Montparnasse 역에서 산 잡지책을 뒤적거리다 덮을 즈음이면 기차는 프와티에Poitier 역을 지난다. 창밖으로는 유채 밭이 지평선 끝까지 펼쳐 있다. 유채 밭 위로 해 그림자가 지면 유채 밭은 더 진한 노란색으로 변한다. 6월의 유채 밭은 어느 곳에서도 아름답다.

니오르의 주말여행은 8년이 넘었다. 세월은 관계를 소원하게 만들기도 하지만, 편안하게 길들여주기도 한다. 피에르에게는 우리보다 더 오래된 친구가 있는데, 그건 바로 87년형 푸조 206이다. 10년 전 피에르가 카스테레오를 서랍처럼 빼서 내리는 걸 봤을 때 깜짝 놀랐다.

"아무리 정신 나간 도둑이라도 이런 차의 카스테레오를 훔쳐가진 않겠다."

삐에드를 이해하지 못했고, 파리의 도둑들을 전혀 이해하지 못했던 시절이었다. 파리에 사는 햇수가 늘어나면서 파리의 도둑들은 차 기종을 가리지 않는

7
10
12
PEUGEOT
205 GLD
7466 SY 79

다는 것, 그리고 도둑으로서 정말 형편없는 실력이라는 것을 알았다.

차문을 기술적으로 따주면 좋으련만, 차창을 부수는 일이 다반사다. 한겨울, 깨진 창문 유리가 깔린 좌석에 앉아 차가운 맞바람을 맞으면서 도둑맞은 물건을 신고하러 경찰서로 가는 기분은 정말이지 달갑지 않다.

이웃집 아파트 문을 성문 부수듯이 부수고 들어간 도둑도 있었다. 도둑맞은 물건보다 차 유리를 새로 끼고, 아파트 문을 고치는 데 더 많은 수고로움을 감당할 때 최소한의 직업의식조차 부족한 도둑들이 원망스러울 때도 있다는 것이다.

기차역으로 피에르가 마중 나왔다. 몇 개월 사이에 턱수염은 더 희끗희끗해진 것 같다. 주차장에서 우릴 기다리고 있는 20년 된 푸조는 아직도 건재했다. 48만 킬로미터를 달린 푸조가 굴러다닌다는 사실만으로도 나에겐 신기함 그 자체다.

"대단해. 다음 차는 말이야, 꼭 푸조로 바꾸겠어."

말이 그렇지 48만 킬로를 달린 자동차는 그렇게 안락하지 않다. 뒷좌석에 앉았는데 바닥에 망치가 보였다.

"너 무슨 시리얼 킬러니? 이 망치는 뭐야? 또 저 끈은 뭐고?"

피에르는 망치를 들어 보이면서 말했다.

"이거? 가끔 애인 길들이는 용도. 아니야. 망치는 가끔 차 문이 잠겨서 열리지 않을 때 필요한 거고, 끈은 지붕이 날아갔을 때 사용하는 거라고."

뒷좌석에서는 차의 소음이 너무 심해서 그의 말이 어디까지 농담인지 가늠할 수가 없었다.

아파트에 도착해서 짐을 풀었다. 고양이와 혼자 사는 남자의 집 냄새에 길들여지기 위해서는 약간의 시간이 필요하다. 베란다와 거실에 풍성하게 자라는 화초들이 혼자 사는 남자의 집에서 느껴지는 을씨년스러움을 덜어준다.

화초를 기르는 남자는 흔하지 않다. 피에르는 어떤 면에서 흔치 않은 남자다. 투명한 티 테이블 밑에는 작년, 3년 전과 똑 같은 잡지들이 놓여 있다.

"글쎄 이렇다니까. 어떻게 하면 이렇게 물건을 버리지 않을 수 있는 거지?"

잡지를 뒤적이는 나를 보면서 피에르가 말했다.

"간단해. 그냥 갖고 있다는 사실을 잊어버리면 된다고."

올리브가 거들었다.

"여자도 마찬가지 아닐까? 어, 당신 아직도 거기 있었어? 이런 식으로 존재감을 잊어버리면 몇 년씩 같이 사는 건 전혀 문제가 되지 않는다고."

사실 피에르의 강점은 '리사이클링 정신'에 있다. 요플레 용기 속에 심어놓은 화초들을 보여주면 나도 모르게 요플레 용기와 피에르를 번갈아 보게 된다.

피에르의 고양이 이름은 '몽샤^{내 고양이}'다. 몽샤는 하루 종일 바깥을 돌아다니면서 쥐를 잡고 저녁에 어슬렁거리면서 들어오는 평범한 고양이다. 몽샤는 인간 나이로 환산하면 여든이 넘었다. 피에르가 몽샤에게 보험혜택도 받지 못하는 거금을 들여 암 수술을 해줬다는 이야길 듣고 깜짝 놀랐다. 몽샤가 족보를 가진 멋진 고양이었다거나, 그렇게 늙은 고양이가 아니었다면 나의 놀라움이 줄어들었을지도 모른다고 생각하니 슬그머니 부끄러운 생각이 들었다.

욕망이란 이름의 전차

루소의 말처럼 부자가 되는 방법은 더 많은 돈을 벌거나 욕망을 억제하는 것이다. 그러나
물건을 소유하면서 얻는 욕망의 충족은 지속되지 못하고 항상 더 큰 욕망으로 대치된다.

인구 6만이 조금 넘는 니오르라는 도시는 이제 구석구석 친숙하다. 바닷가와 운하, 골목의 한적함, 사람들의 무심한 시선은 타지 사람들에게 편안함을 준다. 니오르의 시간은 분명 파리의 시간보다 늦게 움직이는 것 같다. 사람들의 시선도 움직임의 속도도 느리다. 이런 느림을 즐길 수 있는 것이 여행이 아닐까? 정박된 나룻배가 보이는 바에 앉아서 아페리티프를 마셨다. 제철이 아닌 나룻배는 녹이 슬었고, 여름에 일하던 젊은 사공들도 보이지 않는다. 피에르가 말했다.

"니오르는 조용하고 평화로운 도시야. 바다도 멀지 않고, 햇빛도 많고…. 파리에 비하면 시골이나 다름없지만 나 같은 독신에겐 이런 작은 도시의 좁은 울타리가 편안해. 파리처럼 넓은 도시에선 마치 길을 잃은 것 같은 느낌이야. 이렇게 작은 도시에 익숙해지면 파리같이 큰 메트로폴리탄에서는 살 수 없어."

몽플리에Montpellier, 프랑스 남부 도시의 농과대학 엔지니어 출신에 탄탄한 경력을 가진 피에르가 실업자가 되기로 결심한 것은 니오르에 정착하고 나서 직장을 찾고 있을 때였다. 갑자기 등에 디스크가 와서 하반신을 움직일 수 없게 된 것이다.

"그때 내가 휠체어에서 나머지 인생을 보낼 수도 있다는 생각이 들었어. 나 스스로에게 질문을 했지. '정말 미친 듯이 일을 하는 것이 내 인생에 무슨 의미가 있을까?' 수술이 성공적으로 끝나고 물리치료를 받고 병원에서 걸어 나오면서 마음을 먹었어. 자, 이제부턴 나를 위해서 인생을 살자."

1900년, 미국에서 《3에이커와 자유》라는 책이 불티나게 팔렸다. 행복한 삶을 위해서 공장과 사무실을 떠나 농지 3에이커를 사고 농작물을 재배하면서 소박하지만 편안한 삶을 선택함으로써 피고용주의 억압에서 해방되라는 메시지였다.

100년 후 프랑스의 피에르가 선택한 삶은 행복을 위해서 직업의 피라미드 구조 밖으로 나가는 것이었다.

"아침에 일어나서 자전거를 타고 시청 옆의 컴퓨터 서비스 사무실에 나가서 시민들에게 컴퓨터 교육을 시켜주는 일을 해. 대단한 지식도, 대단한 기술도 아니고 내가 아는 것을 나눠주는 수준이야. 시청에서 약간의 돈을 보조받는데 솔직히 월급이 많은 것도 원하지 않아. 실업보조금이 중단되거든. 일주일에 스무 시간만 일해. 그 동안 일하면서 죽을 때까지 조금씩 먹고 살 만큼의 돈은 모아 놓았어. 부친의 유산도 조금 있고. 퇴직연금을 더 받기 위해서 내 등을 휘게 할 생각은 전혀 없어."

루소의 말처럼 부자가 되는 방법은 더 많은 돈을 벌거나 욕망을 억제하는 것이다. 그러나 불행히도 물건을 소유하면서 얻는 욕망의 충족은 지속되지 못하고 항상 더 큰 욕망으로 대치된다. 피에르가 말했다.

"나에게 이렇게 말하는 여자들이 있었어. 왜 노력을 하지 않는 거냐고. 22년 동안 디렉터, 프로젝트 책임자 등 온갖 훈장을 달아 봤어. 하지만 높은 자리에 올라가는 것이 내 행복을 책임져주지 않는다는 것을 알았지. 그런데 나에게 야망이 없다고 질책하는 여자들은 유감스럽게도 단 한 번도 자기 힘으로 무언가 이루어 본 적이 없는 여자들이었어. 왜 자기가 이루지 못한 것을 남자를 통해서 얻으려고 하는 걸까."

야망과 도전의 뜀박질에서 스스로 퇴장해 버린 피에르. 야망과 도전이 남성의 매력이라고 생각하는 여자들 사이에 공감할 수 있는 교집합은 별로 존재하지 않는 것 같다.

니오르 근교 바닷가 근처에는 해산물을 양식하는 허름한 레스토랑이 곳곳에 있다. 프라이팬에 홍합과 솔잎을 넣고 강한 불에 익힌 '에클라드'라는 요리는 파리의 체인 레스토랑에서 먹는 홍합요리와는 비교할 수 없는 맛이다. 솔잎 향이 섞여 있는 홍합과 샤르도네chardonnay 와인, 해산 양식장에서 풍겨오는 바다 비린내, 그리고 오래된 친구가 있으면 완벽한 저녁식사가 차려진 셈이다.

샤르도네를 마시면서 올리브는 행복한 표정이 되어 피에르에게 말했다.

"너 아니? 세월이 지날수록 포도주가 좋아지는 걸. 어때 나이가 들면 바뀌니?"

피에르가 점잖게 대답했다.

"아니. 하지만 세월이 더 지나 봐. 포도주가 널 더 좋아하게 되지."

영화배우 조지 클루니를 닮은 피에르는 나의 결혼식 피로연에서 불행히도 술고래이신 나의 부친 뒤에 앉아 있었다. 부친께서 '건배'를 복창할 때마다 따라 일어나서 술을 마시다가 사라졌는데 그의 행적에 대해서 아는 사람이 없다.

올리브는 집요하게 농담을 던진다.

"이제 세월이 지났으니까 그날 어디서 뭘했는지 비밀을 털어놔 보라고."

피에르는 은밀한 미소로 잔을 들고 한국말로 대답한다.

"겅배!"

피에르에게 가장 뜨거운 열정은 뭐니 뭐니 해도 탱고다. 나에게 종종 탱고 스텝을 가르쳐주는데, 파리로 돌아가는 기차 안에서는 스텝을 홀랑 까먹어 버리고 만다. 열정이라는 것은 강습으로 얻어지는 것이 아닌 모양이다.

"2년을 배웠는데, 탱고는 어려워. 탱고는 일종의 사랑 같은 거야. 파트너와 만나서 탱고를 추면서 서로 알아가는 과정은, 음… 뭐랄까… 관능적이야. 그래서 너무 탱고를 잘 추는 파트너를 만나면 재미가 없어. 베테랑 파트너는 나의 동작을 미리 다 예측하거든."

사랑도 마찬가지일까? 설레는 호기심 없이는 열정의 불이 붙지 않는 것처럼….

피에르는 어느 자리에서든 농담과 자유로운 분위기로 사람들을 감염시키는 재주가 있다.

"여자들과 가장 잘 지내는 남자는 여자 없이도 잘 사는 법을 아는 남자라고 말한 사람이 누구였지? 보들레르? 하지만 여자 없이 사는 법을 터득하고 나면 여자랑 사는 것이 불편해진다는 것을 그가 알았을까?"

그가 여자를 만나서 가정을 갖지 않았다는 것이 결함일까, 재수에 관련된 문제일까? 습관처럼 생각하는 나의 사고는 판에 박힌 과자의 형태를 찍어내듯이 사랑과 결혼의 불가분의 관계를 증명해야 직성이 풀리는 사회적 관성이거나 줄 밖으로 나와 있는 사람을 줄 안으로 정렬하고 싶은 사명감 같은 것인지도 모른다. 조지 클루니가 결혼하지 않았다는 이유로 대체 우리가 비통해야 할 이유가 있을까?

대부분 이런 와인농장과 카브는 가업으로 물려받는다.
코냑지방은 물론 코냑이 유명하지만.
이곳에서 생산하는 포도주는 힘이 있고 부드럽다.
블라인드 테스트를 하면 열 명 가운데에 아홉은
고급 보르도 와인으로 안다.

코냑 가는 길

파리에서 20년을 살았던 화가 선배가 프랑스를 떠나면서 가장 힘들었던 것은 서울처럼 같이 밤을 새워 노닥거리며 술 마실 친구가 없다는 것이었다고 말했다. 내가 말했다.

"전 둘이 있어요. 피에르와 올리브. 한 사람은 다음 날 꼭 후회하고, 나머지는 후회도 안 해요. 어떤 게 더 좋은 건지 모르겠어요."

니오르에서 이 삼총사의 연회는 진짜 친구끼리라는 괄호로 단단히 묶여 있다. 물론 이 친구의 괄호 속에 같이 묶인 느낌이 나쁘진 않다.

니오르 여행의 또 다른 목적은 와인 산지를 찾아다니면서 와인 맛을 보고, 주문하는 것이다. 피에르는 코냑cognac 지방에 있는 와인 제조업자 브리에 씨와 미리 약속을 잡아 놓았다.

코냑으로 가는 길, 피에르의 네비게이션 안내는 현재 위치에 비해 5초가 늦다. 네비게이션의 안내 여자와 피에르는 말싸움을 멈추지 않는다.

"닥치라고! 이렇게 엉뚱한 곳으로 안내하다니."

욕을 얻어먹은 여자는 풀이 죽은 목소리로 이렇게 대답한다.

"신호가 약합니다."

La route pour Cognac

성능이 떨어지는 구형 네비게이션 때문에 늙은 푸조는 돌고 또 돈다. 나는 뒷좌석에 앉아서 졸다가 외친다.

"네비게이션을 바꾸는 게, 돌면서 허비하는 기름 값보다 적게 들겠어."

새로 사귄 여자 친구에게서 전화가 왔지만 통화를 할 수 없었다. 오래된 핸드폰 배터리가 충전이 잘 되지 않아서다. 난 혼자 킥킥거리며 웃는다. '재활용이 항상 경제적인 것만은 아닌 것 같네.'

작년에 왔을 때는 그가 영국 행 비행기를 타기 직전이어서, 와인만 사가지고 서둘러 왔기 때문에 카브를 구경하지 못했다. 브리에 씨는 시간에 맞춰 우릴 기다리고 있었다. 지난번에는 미안했다며 우릴 카브로 안내했다.

브리에 씨는 카브 입구에 있는 포도나무를 가리키며 말했다.

"250년 전에 저희 증조할아버지가 처음 심은 포도나무죠."

대부분 이런 와인농장과 카브는 가업으로 물려받는다. 코냑지방에서는 물론 코냑이 유명하지만, 이곳에서 생산하는 와인은 힘이 있고 부드럽다. 블라인드 테스트를 하면 열 명 가운데에 아홉은 고급 보르도 Bordeaux 와인으로 안다. 브리에 씨는 카브의 와인 저장고에서 내년에 출시할 와인을 따라주었다. 올리브가 시음하는 것을 지켜보는 브리에 씨의 눈빛에서는 장인의 자신만만함이 있었다. 올리브가 나에게 잔을 내밀며 말했다.

"훌륭해!"

나는 잔을 들고 냄새만 맡는다. 와인에 대한 상당한 경험이 없이 2년, 3년 후에 숙성될 와인의 맛을 점치는 것은 어려운 일이다. 아마 올리브와 피에르느 시음하면서 주문할 양을 정했을 것이다. 카브에는 빛이 거의 들어오지 않는다. 와인 저장고를 지나 미로 같은 카브의 다른 쪽에는 코냑 저장고가 있다.

"이게 저의 보물창고죠. 한국에서 온 모 회사 지사장이 1900년산 코냑을 샀는데 만족했는지 제 생일 때마다 잊지 않고 화환을 보내옵니다."

내가 말했다.

"한국 사람들은 선물에 무척 자비로운 편이죠."

말투와 태도가 고상한 브리에 씨는 미소도 잔잔하다. 와인 제조업자들 가운데 장사치 같은 사람은 없다. 그들은 성주와 장인의 중간쯤으로, 저택에서 포도주와 같이 산다. 사무실에서 와인 주문을 마치고 나니 브리에 씨가 1900년산 코냑을 따라준다. 110년이 된 코냑은 부드럽게 목구멍을 타고 넘어가면서 혀를 기분 좋게 풀어놓는다. 물론 엄두도 내지 못할 가격이다. 브리에 씨가 날 쳐다보더니 씩 웃으면서 배 원액을 섞은 코냑을 건네면서 말했다.

"자 선물이에요. 이건 아페리티프 용으로 마셔요."

난 깜짝 놀랐지만, 호들갑을 떨지 않고 우아하게 받았다. 돌아오는 길에 차 안에서 피에르가 나에게 말했다.

"브리에 씨를 단단히 홀린 모양이야."

술병을 쥐고 자랑스럽게 말했다.

"이게 바로 한국 기업의 힘이지."

차 트렁크에 두둑하게 와인 상자를 싣고 니오르로 돌아오면 날이 저문다. 깨끗한 옷으로 갈아입고 저녁파티를 준비한다. 샴페인과 푸아그라^{foie gras}, 해물요리, 고탐 프로젝트 CD를 올려놓고 탱고 스텝을 배운다. 하나 둘 셋⋯넷 다섯 여섯.

이웃집 아줌마 지지의 투덜거리는 소리가 들린다.

"파리에 사는 그놈들이 또 왔군."

N° 13
245 HL
7/10
8/10
9/10
10/10
11/10
12/10
13/10
14/10

비 오는 아침

피에르의 궁핍은 왜 나에게 웃음을 주는 걸까? 그는 '자기연민'과 신파에
머무르지 않는다. 영화 '가든 스테이트'에 나오는 대사처럼 인간이
자기 자신에 대해서 웃지 못하면 인생은 필요 이상으로 지루할지도 모른다.
만약 내가 행복의 카탈로그를 만든다면 무엇을 넣을까? 우리의 고민과
불안은 더 많은 욕망에 대한 집착에서 나오는 것은 아닐까? 이런 집착에서
해방된다면 원초적인 삶의 기쁨을 느낄 수 있지 않을까?

Un matin de pluie

파리로 떠나는 일요일 아침, 비가 왔다. 올리브가 거실의 소파에 앉아 있다
가 일어서더니 책상 뒤에 있는 패널을 꺼냈다. 유화물감으로 그려진 정물화
처럼 보였다. 올리브가 물었다.

"대체 왜 그림을 숨겨 놓는 거지?"

피에르가 말했다.

"안나라는 여자가 준 거야. 안나는 포르투갈 출신인데 혀에 문제가 있는 것
처럼 발음이 좀 이상해. 비행기 사고로 남편을 잃은 과부야. 글쎄… 안나가
내 친구들에게 물었대. 혹시 피에르가 동성애자냐고. 친구들이 왜 그런 질문
을 하냐고 물었더니 '피에르가 날 원하지 않는 것이 그 이유밖에 더 있겠냐'고
말했대."

피에르가 그림을 보여주면서 말했다.

"그림을 자세히 봐. 사실은 그림을 그린 게 아니라 그림이 인쇄된 냅킨을 붙
여놓고 감쪽같이 덧칠을 한 거라고."

"야. 정말 신기하다. 붙인 티가 전혀 나지 않아."

"그게 바로 안나의 강점이지. 이제 알겠니? 내가 왜 그림을 숨겨 놓았는지?
이 그림이 왜 여기에 있는지 설명을 해주지.

안나가 얼마 전에 저녁 초대를 한 거야. 여러 사람들이 있었는데, 안나가 날
보더니 '피에르, 그림을 골라. 너한테만 선물로 줄게.' 이렇게 말하는 거야. 그
래도 난 전혀 그림을 갖고 싶지 않았어. 그 이유는 따로 말하지 않겠어.

'음 선택을 하기 정말 어렵군.' 이렇게 말하고 고르는 척하다 말고 슬쩍 그 집
을 빠져 나왔어. 난 성공했다고 생각했지. 그런데 일은 그렇게 간단치 않았
어. 안나가 뛰어나오면서 나를 부르는 거야.

"피에르, 너 그림 잊어 버렸잖아."

돌아보니 안나의 손에 그림이 들려 있었어. 안나가 그림을 주면서 이렇게 말
하더군.

"너 대신 내가 골랐어. 어쩌지… 선택의 여지가 없게 되었네. 미안해."

"그녀 말이 맞았어. 젠장, 난 선택의 여지가 없었다고."

그림이라고 할 수 없는 그림을 들여다보다가 난 어이가 없어서 웃고 말았다.

"안나는 이런 그림을 팔아서 먹고 살아."

"인쇄된 그림을 붙여서 팔다니…, 게다가 이런 그림을 사는 사람이 있다는
것이 믿어지지 않아."

나의 말에 피에르는 정색을 하며 말했다.

"너 아니? 세상에는 좋은 취향보다 나쁜 취향이 훨씬 잘 팔리는 법이라는
걸?"

원치 않는 그림을 소유하게 된 피에르의 말투에는 체념 이상의 확신 같은 것
이 있었다. 피에르는 그림을 다시 책상 뒤에 놓으면서 중얼거렸다.

"안나가 집에 놀러 와서, 이 그림이 걸려 있지 않으면 화를 낼 거야. 그림 걸어 놓는 걸 잊지 말아야 할 텐데…"

고상한 앤티크 가구들이 있는 거실은 아무리 둘러봐도 냅킨 패널이 걸릴 마땅한 곳이 없었다. 물건을 버리지 않는 피에르에게도 처치 곤란한 물건이 생긴 것이다.

"창고에 헌 자전거만 세 개야. 78년형 오토바이도 있어. 난 오래된 것은 다 좋아. 앤티크, 자동차…. 참 여자만 빼고."

"넌 로또에 당첨되면 뭘 하겠니?"

올리브가 느닷없이 물었다.

"난 돈이 필요 없어."

우리 동네 정육점 아저씨는 늘 행복한 표정으로 고기를 썰면서 '새해 바람이요? 돈은 충분하고요, 건강과 사랑만 있으면 되지요.'라는 믿기지 않는 말을 한다. 피에르는 잠시 진지한 표정을 짓더니 이렇게 말했다.

"로또에 당첨된다면 난 아무에게도 말하지 않겠어. 특히 너희들에게. 그리고 아주 커다란 자명종을 사겠어. 자명종을 아침 7시에 맞춰놓는 거야. 매일 아침 7시에 자명종이 요란한 소리로 울리겠지. 그러면 일어나서 자명종을 누르고 다시 자겠어. 자명종 버튼을 누를 때의 기분을 만끽하면서. 그리고 아주 멀리 오랫동안 여행을 떠나겠어. 그 기회에 서울도 한 번 가 보는 게 좋겠다. 아참! 그전에 푸조를 깨끗하게 수리해야겠지."

우리는 한참을 웃었다. 늙어빠진 할망구 푸조는 지금도 고속도로에서 벤츠를 앞지르고, 피에르에게는 동네 처자들의 가슴에 불을 지를 만한 열정이 남아 있으니 다행이다.

 오래된 친구와 노닥 가는 길

내가 말했다.

"푸조가 여자가 아니라 여성형이라 다행이야."

얼마 뒤 빵을 사러 갔던 피에르는 차를 세워두었는데 시동이 걸리지 않는 바람에 빗길에서 행인들의 도움을 받아 시동을 걸었다고 했다.

"아무래도 그녀는^{푸조} 나처럼 비 오는 날을 싫어하나 봐."

파리로 돌아오는 기차 안에서 뒤적이던 잡지를 덮는다. 피에르의 궁핍은 왜 나에게 웃음을 주는 걸까?

그는 '자기연민'과 신파를 좋아하지 않는다. 영화 〈가든 스테이트〉에 나오는 대사처럼 인간이 자기 자신에 대해서 웃지 못하면 인생은 필요 이상으로 지루할지도 모른다.

만약 내가 행복의 카탈로그를 만든다면 무엇을 넣을까? 우리의 고민과 불안은 더 많은 욕망에 대한 집착에서 나오는 것은 아닐까? 이런 집착에서 해방된다면 원초적인 삶의 기쁨을 느낄 수 있지 않을까? 유리창에 구르는 빗방울을 보면서 이런 생각을 했다. 귓전에서 피에르의 호탕한 웃음소리가 들리는 듯했다.

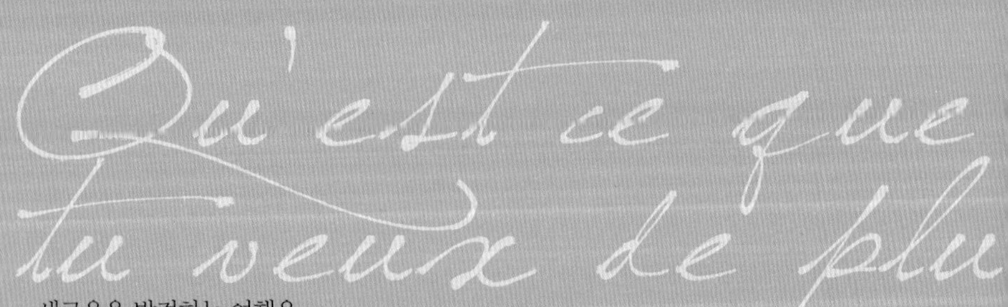

새로움을 발견하는 여행은
새로운 풍경이 아니라, 새로운 눈을 갖는 것을 의미한다.
―프루스트

마크와 마크탐탐

Un ami et un pote

아미와 포트

두 마크에게는 친구라는 단어만 가지고는 관계를 설명하기에
부족한 무엇이 있다. 똑 같은 이름을 가졌고, 같은 직장에서
일을 하기 때문만은 아니다. 무엇보다도 그들은 23년 동안
서로의 인생을 공유했다. 나는 두 마크를 보면서 아미(친구)와
포트(진짜 친구)의 차이를 알게 되었다.

마크는 25년 전부터 재경부의 '플라스데자르^{Place des Arts}'라는 문화도서관의
책임자로 일하고 있다. 문화도서관은 재경부에서 일하는 직원들에게 영화
DVD와 음반과 책을 빌려주는 곳이다. 마크 옆에는 그림자처럼 따라다니는
마크 탐탐이라는 친구가 있다. 마크탐탐은 항암 치료를 막 끝낸 사람처럼 머
리카락이 듬성듬성 빠져 있고, 턱수염도 제멋대로 자라 있다. 185센티미터의
키에 왜소한 체격 때문인지 그를 볼 때면 키가 자란 것 같은 느낌을 받는다.
마크탐탐이 마크와 같이 문화도서관에서 일을 시작한 지는 5년이 되었다. 두
마크에게는 친구라는 단어만 가지고는 관계를 설명하기에 부족한 무엇이 있
다. 똑 같은 이름을 가졌고, 같은 직장에서 일을 하기 때문만은 아니다. 무엇
보다도 그들은 23년 동안 서로의 인생을 공유했다. 나는 두 마크를 보면서
아미^{친구}와 포트^{진짜 친구}의 차이를 알게 되었다.
저녁 초대에 온 마크탐탐은 내게 부케를 내민다. 턱수염이 난 그의 따가운 볼
에 입을 맞추는 것은 선뜻 내키지 않지만 친구 사이 비주를 나누는 것은 예의
이니 어쩔 수 없다.
"그 사이에 키가 더 큰 거 아니야?"
마크탐탐이 정색을 하며 말했다.
"지난번에도 말했지, 열여섯 이후로 쭉 같은 키야."
"어젯밤 꿈에 네 손을 잡고 춤을 췄는데 얼마나 나를 뱅글뱅글 돌렸는지 어
지러워서 쓰러지고 말았어."
마크탐탐은 내 꿈 이야기가 의미심장하다며 프로이드를 당장 끌어들인다.
하지만 내 꿈의 해석은 간단하다. 탐탐은 항상 내 머리를 빙빙 돌게 만든다.
그는 한 번 이야기를 시작하면 마치 태엽장치를 풀어놓은 것 같다. 그 장치는

아무도 멈추게 할 수 없다. 나는 단어를 선택하는 속도가 그렇게 빠른 사람은 본 적이 없다.

마크탐탐은 몇 십 년 전 누군가 입고 있던 슈미즈의 색깔과 특정한 날씨까지 시시콜콜 기억하고 있고, 그 많은 정보를 전달하기 위해 당연히 다른 사람보다 굉장히 많은 시간이 필요하다. 프랑스 영화에 쉴 새 없이 떠들어대는 바람에 번역자를 난처하게 만드는 사람들이 바로 이런 사람일 게다.

"시간이 조금 남아서 이 동네를 산책했어. 바로 옆 골목에 정말 대단한 바가 있더라."

빵 가게 맞은편에 후미진 아랍 바가 있다. 동네 어디선가 알코올 냄새를 맡고 찾아온 바플라이Barfly 같은 사람들만 있을 뿐, 손님도 많지 않다. 하지만 이런 바들은 동네 구석구석 숨어 있다. 바의 단골손님들은 물론 항상 같은 얼굴이다. 아침부터 백포주를 들이켜서 불그레한 얼굴에 알코올에 젖은 무료한 시선으로 지나가는 사람들을 쳐다본다.

"레프Leffe 맥주 맛이 상당히 좋았어. 낯선 동네의 후미진 바를 찾아 들어가는 건 흥미로운 일이야. 바에서 졸면서 술을 비우던 사람들이 이방인의 침입에 갑자기 긴장을 하는 것 같았어. 난 얌전히 맥주 한 잔을 시켜놓고 앉아서, 얼굴이 알코올로 상당히 손상되고 목소리는 니코틴으로 갈라진 어떤 마담이 하는 이야길 들었지. 세계대전과 레지스탕스 이야기를 하고 있더라고. 마구 취한 것 같지만 내용은 상당히 짜임새가 있었어."

장 마리 구리오라는 프랑스의 시나리오 작가는 몇 년 동안 파리의 바와 비스트로를 순회하면서 술주정뱅이의 잡담을 모아《술집의 짧은 삽화 Breves de Comptoir》라는 책을 엮었다. 프랑스어가 놀라운 것은 술 냄새와 혀가 꼬부라진

 그런데, 정말 넌 뭘 바라는데?

소리를 그대로 글 속에 담을 수 있다는 사실이었다. 가끔 무료할 때 그 책을 꺼내 두서없이 읽으면서 킬킬거리기는 하지만, 한 번도 동네에 있는 술집에 들어갈 엄두를 내본 적은 없다.

동네 술집에 오는 사람들은 분명 동네에 사는 사람들이겠지만, 그 술집이 아닌 장소에서는 전혀 마주칠 가능성이 없는 사람들이다. 이오네스코의 《외로운 남자》의 주인공처럼 혼자 사는 아파트에서 내려와 동네의 길모퉁이 카페에서 술잔을 기울이는 사람들일지도 모른다. 슈퍼마켓에서 생활필수품을, 사람들 사이에 끼어서 발그레한 얼굴로 싸구려 맥주나 와인을, 계산대에 슬그머니 올려놓는 사람들일 것이다.

일상이란 어떤 의미에서 비슷한 생활필수품을 소비하는 사람들끼리의 교류다. 마치 계산대 위에 물건이 섞이지 않게 올려놓는 막대기처럼 확실한 경계가 있다. 습관의 틀을 벗어나는 것이 여행이라면, 일상의 여행이란 이런 생소함을 가까이에서 찾는 것이 아닐까?

그런데, 정말 넌 뭘 바라는데?

행복의 조건

돈과 성공으로 환급되지 않는 직업에 가치를 둘 수 있을까 자문을 해 본다.
세상에는 생산하는 사람, 소비하는 사람, 유통하는 사람이 있다.
두 마크는 자신들을 '문화적인 즐거움을 유통하는 사람들'이라고 표현한다.
세상에는 그런 역할만으로도 석유 왕보다 행복한 사람들이 있다.

itions du bonheur

마크탐탐은 시덥지 않은 잡지사에서 시덥지 않은 사진을 찍는 사진작가였다. 어쩌면 탐탐은 자신이 사진작가로서의 재능이 없다는 것을 제일 먼저 알았는지 모른다. 생존의 문제를 해결하기 위해서 오랜 고민 끝에 투항한 곳은 리볼리Rivoli 거리에 있는 국가세무금고였다. 삼류 사진작가에서 세금징수 공무원으로 탈바꿈한 것이다.

"어느 날 창구 직원이 불러서 사무실에서 내려갔어. 한겨울이었는데 까만 선글라스를 쓰고 양복을 입은 남자들이 창구 앞에 있더군. 서툰 프랑스어로 데이빗 보위의 세금 문제 때문에 왔다고 하는 거야. 그가 앞으로 5년간 프랑스에서 활동하는 수입에 대한 예비세금을 내겠다는 거야. 예비세금! 신분증을 보여 달라고 했더니 정말 데이빗 보위의 신분증을 보여주더라고.

그런데 데이빗 보위의 변호사와 세금담당 자문이라는 작자는 정말 아는 것이 없었어. 나도 그런 일은 처음이었고, 사무실에 책임자도 없었거든. 여기저기 전화를 해서 자문을 구하고 있는데 데이빗 보이가 들어오더라. 생각보다 키가 작아서 깜짝 놀랐어. 보라색 양복에 오렌지색 셔츠를 입고 있었는데, 아! 그 고상한 기품이란….

그날 나의 변변치 않은 영어실력과 그들의 변변치 않은 프랑스어로 예비세금을 계산하는 일은 정말 진땀이 났어. 그 당시 그가 수표에 쓴 액수가 얼마인 줄 아니? 자그마치 5700만 프랑. 내 인생에서 그렇게 큰 수표는 손에 쥐어 본 적이 없었지. 데이빗 보위가 세금에 대해 결벽증이 있다는 것은 알려져 있지만, 그날 나는 탈세하는 사람들의 재산을 차압하는 일보다 미리 내야 할 세금을 계산하는 일이 훨씬 힘들다는 걸 알았어."

국가세무금고는 프랑스인들에게는 감옥보다 더 무서운 곳이기도 하다. 세금

신고를 제대로 하지 않는 사람들은 프랑스에서 정확히 '도둑놈' 취급을 받는다. 제랄딘이란 여자 친구는 소득 신고를 불성실하게 했다는 이유로 세금 페널티를 받고 알거지가 되었던 기억이 난다. 그녀는 갑자기 돈 많은 남자친구와 결혼을 했는데 혹시 궁여지책이 아니었을까 생각한 적이 있었다.

"영화 〈그랑블루〉의 여자 배우 로잔나 아퀘트Rosanna Arquette가 세금신고를 하지 않아서 파리에 있는 그녀의 아파트에서 스타인웨이 피아노를 차압한 적이 있었지. 로잔나 아퀘트가 눈물 바람으로 찾아와서 세금을 해결했지."

경찰보다 세금신고를 무서워하는 곳이 선진국이다. 마크는 발코니에 나가서 칼스버그 한 잔을 마시면서 담배를 피웠다. 빨간 플라스틱 커버가 씌워진 담뱃갑 위에는 굵은 펜으로 '나는 내가 원하는 만큼만 피운다'라고 쓰여 있었다. 마크가 도착했지만 마크탐탐은 이야길 중단할 사람이 아니었다.

"재경부의 문화도서관이 루브르 박물관 근처에 있었던 시절이 있었어. 음반을 빌리러 갔다가 마크를 만났어. 그때 마크가 오스카 피터슨의 음반을 빌려줬지. 당시 나는 오스카 피터슨Oscar Peterson, 재즈 피아노의 거장과 마일스 데이비스Miles Davis, 재즈 음악가. 트럼펫 연주자 겸 작곡가 공연이라면 끼니를 굶더라도 꼭 갔었어. 한 시간 정도 마크와 재즈 이야기를 나누고 도서관을 나오면서 내 머리 속엔 단 한 가지 생각밖에 없었어. '내가 일해야 할 곳은 바로 여기다.'

마크탐탐은 문화도서관에서 일하기 위해 몇 년 동안 인사 담당자를 구슬리고 위협을 하고 심지어는 재경부 장관에게 편지를 썼던 것이다. 그러나 그가 원하던 곳에서 일하기 위해서는 무려 18년을 기다려야 했다.

"아침에 눈을 뜨고 침대에서 일어나기 위해 자신에게 세뇌를 해야만 했어. 세금을 거둬들여서 학교와 병원을 짓는 일은 유용한 일이다…. 사실 유용한

HOTEL DU NORD
TEL DU NORD

일이지. 하지만 그 일과 나 사이의 즐거움의 구좌는 텅 비어 있었어."

13년 뒤, 그의 장황한 연설력 덕분에 재경부 노동조합 대변인이 되었다. 정말 그의 말대로 남의 이야기에 귀를 기울이는 능력 때문이었을까? 군침 도는 요리를 앞에 둔 표정으로 마크탐탐이 이야기를 할 때, 말을 자르는 것은 정말이지 쉽지 않다. 그 후 5년 뒤, 문화도서관에 자리가 났을 때 인사부에서는 말 많은 좌파 노조대변인을 사서로 보내는 것이 현명하다는 판단을 했는지 18년 만에 이직을 승인했다. 탐탐은 염원을 이룬 사람의 표정으로 이야기했다. 음반과 영화를 빌려주는 일이 인생에서 그토록 집념을 가질 만한 일인지 나로서는 알 수 없는 일이었다. 마크가 말했다.

"난 이 일을 하는 우리를 '석유왕 Les Rois de Petrole'이라고 불러. 기름 대신 우린 수천 장의 영화, 수만 장의 음악을 마음껏 누릴 수 있고, 사람들에게 나눠주는 거야. 파는 것이 아니라고. 아마 피카소라도 분명 자기 그림 때문에 골치 섞는 일이 있었을 거야. 하지만 여기는 순수하게 나눔의 즐거움만 있어."

두 마크가 추천해 주는 영화와 음악으로 올리브와 내가 집에서 누리는 문화적 혜택은 귀족 수준이다. 그들은 문화도서관에 있는 영화와 음악을 엄선해서 공급해 주는 사람들이다. 하지만 난 단 한 번도 그들의 일을 대단하게 생각해 본 적이 없다. 만약 두 마크가 레코드점을 운영해서 큰돈을 벌었다면 어렵지 않게 그들은 가치 있는 일을 하고 있다고 판단했을지도 모른다.

돈과 성공으로 환급되지 않는 직업에 가치를 둘 수 있을까 자문을 해 본다. 세상에는 생산하는 사람, 소비하는 사람, 유통하는 사람이 있다. 두 마크는 자신들을 '문화적인 즐거움을 유통하는 사람들'이라고 표현한다. 세상에는 그런 역할만으로도 석유 왕보다 행복한 사람들이 있다.

두 마크의 인생 예찬

웬만한 과거의 기억을 공
유하고 있는 두 마크는 서로에게 일
종의 외장 메모리 같다. 누군가와 같은 경
험을 하고, 그 기억을 공유한다는 것은 나이
가 들수록 마음 든든한 일이다. 기억이 가물가물
해질 때, 백업받아 놓은 데이터가 하나 있다는 것
은 안전한 느낌일 것 같다. 심지어 마크탐탐은
마크의 어린 시절까지 아주 알뜰하게 기억해
준다.

두 마크는 같은 직장에서 일하고 같은 동네에 산다. 젊은 시절 같은 여자를 동시에 사랑하기도 했다. 마크탐탐은 파리에서 눈을 씻고 다녀도 찾아볼 수 없을 만큼 키가 아주 작은 여자 로르와 살고 있고, 마크는 키가 작고 바싹 마른 스페인 출신 카피와 살고 있다.

두 마크는 결혼을 하지 않았다. 그들에게 결혼은 몹시 부조리한 제도이다. 국가가 승인해 주는 결혼제도가 없이도 사랑하고 가족을 이루고 사는 데 전혀 지장이 없다고 생각한다. 웬만한 과거의 기억을 공유하고 있는 두 마크는 서로에게 일종의 외장 메모리 같다. 누군가와 같은 경험을 하고, 그 기억을 공유한다는 것은 나이가 들수록 마음 든든한 일이다. 기억이 가물가물해질 때, 백업받아 놓은 데이터가 하나 있다는 것은 안전한 느낌일 것 같다. 심지어 마크탐탐은 마크의 어린 시절까지 아주 알뜰하게 기억해 준다.

마크는 파리의 북쪽에 위치한 슬럼가들이 밀집한 교외지역인 생 드니^{Saint-Denis} 출신이다.

"생 드니에서 미술을 공부하고 나서 열아홉에 돈을 벌기 위해서 취직한 곳은 그 동네의 실크인쇄 공장이었어. 여자들 팬티에 실크인쇄를 하거나 축하카드에 설탕을 붙이는 일을 했는데 정말 그 공장 냄새는 구역질이 날 정도로 고약했어. 어느 날 아침, 출근카드를 찍으려고 들어갔다가 그냥 나왔어. 공장장이 나에게 소리치는 소리가 들렸어.

"야! 그 방향이 아니야."

난 아무 대꾸도 하지 않고 그냥 걸어 나왔어. 그리고 계속 걸었지. 파리의 한복판을 가로질러 하루 종일 터덜터덜 걸었지. 그리고 다시는 공장에 돌아가지 않았어."

'걸어 나온다'는 말은 프랑스어로 드미투르Demi tour라고 한다. 되돌아온다는 뜻과 같다. 그날의 드미투르는 분명 마크에게 인생의 어떤 반전을 의미했던 것만은 사실이다. 그날 이후, 마크는 모친의 조언으로 재경부 말단 공무원 시험을 보게 되었다. 마크가 말단 공무원으로 처음 한 일은 사무실의 우편배달이었다.

"사람들은 배달부를 '복도의 토끼'라고 불렀어. 토끼들이 폴짝 폴짝 뛰어서 팜팜하고 노크를 하는 동화가 있었어. 나는 무수한 사무실 문을 노크하면서 우편물을 배달했어. 나에게 흥미 있었던 건 문을 열고 나오는 사람들의 얼굴을 관찰하는 일이었어. 점심시간엔 볼펜으로 관찰한 사람들의 얼굴을 스케치했어. 틈만 나면 그림을 그렸지.

스무 살 총각의 그런 모습에 관심을 가진 사람은 뚱뚱한 조제트였어. 그녀는 늘 내가 그린 그림을 보면서 감탄을 했지. 어느 날 재경부의 사보를 만드는 국장이 사보에 실을 일러스트를 찾는다는 이야길 듣고 조제트가 국장에게 대뜸 날 소개시켰어. 국장은 내 그림을 보고 마음에 들어 했지. 그러고 나서 아주 오래 동안 아무 대가 없이 사보에 그림을 그렸어.

어느 날 문득, 국장 정도라면 나를 다른 자리에 보내줄 수도 있지 않을까 하는 생각이 들었지. 그리고 내 직감은 틀리지 않았어. 문화도서관에 빈자리가 생긴 거야. 그 후 25년 동안 흔들림 없이 난 그 자리를 지키고 있지."

탐탐은 마크의 20대를 '열린 창의 시대'라고 표현했다.

"열린 창으로 모든 것이 지나갔어. 돈도 여자도. 한번은 마크가 완전히 파산해서 살림을 세 친구 집에 나눠서 이사한 적도 있었지. 마크는 카피를 만나기 전까지는 완전 빈털터리였다고."

 그런데, 정말 넌 뭘 바라는데?

마크가 말을 이었다.

"그 당시 내가 살았던 곳은 카날 생 마르탱Canal St. Martin 근처의 아파트였어. 창문에서는 영화 〈북호텔〉에 나왔던 바로 그 호텔이 보였지. 1층에는 레스토랑이 있었는데 동네의 홈리스들이 와서 먹을 수 있을 만큼 음식 값이 저렴했어."

"맞아. 마크와 홈리스와는 정말 각별한 관계였다고. 자기 집으로 데리고 가서 목욕을 시키고 새 옷을 입혀서 그림붓까지 줘서 보낸 홈리스도 있었어."

마크는 재미있는 생각이 난 것처럼 이야길 꺼냈다. 그는 아이들에게 책을 읽어주는 아빠처럼 자근자근하고 기분 좋은 말투를 가졌다.

"날씨가 화창한 10월의 주말이었어. 파리에서 한 시간 떨어진 노장르호투르에 부모님이 계셨어. 미리 알리지 않고 기차역에 도착해서 전화를 해야겠다고 생각했지. 전날 파티로 정신이 몽롱했던 상태였어. 기차역에서 내려서 전화를 걸었는데 전화 연결이 안 됐어. 지역번호가 막 바뀌었기 때문이라는 건 나중에 알았지만, 부모님 집은 기차역에서 15킬로미터 정도 떨어진 곳인데 '그냥 걸어가야겠군' 마음을 먹고 길거리에 나왔어.

그때 동네 클로샤홈리스가 새로 산 기타를 들고 지나가는 거야. 시골의 클로샤들은 파리의 클로샤들과는 달라. 집도 있고 심지어는 허드렛일까지 하곤 했지. 펭귄이라고 불리는 그 동네 클로샤는 항상 펭귄처럼 까만 연미복에 까만 베레모를 쓰고 있었어. 아마 갈아입을 옷이 없었던 게지. 그 펭귄 클로샤의 집은 분홍색 2층 벽돌집이었는데 창문도 계단도 없었이. 사람늘은 그 펭귄이 아주 커다란 옷장 속에서 잠을 잔다고 했어. 행색이 기이해서 동네에서 유명한 클로샤였지.

그날 펭귄은 새로 산 기타라며 나에게 자랑을 했어. 그래서 내가 한번 기타를 뒹겨 보자고 했지. 연주를 하다가 역 근처의 바에 가서 맥주를 세 잔 마셨어. 펭귄은 나를 데리고 근처의 성당으로 갔어. 그날 난생 처음 성당이라는 곳에 들어간 거야."

"아마 그 나이에 성당에 처음 들어가 본 사람은 이 파리에서 회교도인들과 너밖엔 없을 거야."

마크탐탐이 조롱하듯 말했다.

"어렸을 적에 혼자 성경공부를 한 적은 있었어. 아버지는 성경공부를 반대하지 않으셨어. 늘 이렇게 말씀하셨거든. '아들아 네가 원하는 것은 무엇이든 해라.' 그런데 처음 성당에 가서 느낀 것은 수면을 취하기에 적당한 분위기더라고. 맥주도 마셨고 전날 잠도 제대로 못 잔 터라 기습적으로 졸음이 쏟아졌지. 한참 자고 있는데 누군가 날 깨웠어.

"청년 괜찮소? 여긴 호텔이 아니라오."

눈을 떠 보니 신부님이었어. 시계를 보니 오후 5시가 되었더라고. 펭귄은 떠나지 않고 자는 날 옆에서 지키고 있었나 봐. 성당 바깥으로 나와 잔디밭에 앉아 기타 줄을 튜닝해 주고 있었어. 그런데 우연히 부모님께서 산책을 나오셨다가 날 본 거야. 동네의 클로샤와 기타를 치고 있는 하나밖에 없는 아들을 보더니 어머니가 이렇게 말씀하셨어.

"애야. 대체 거기서 뭘 하고 있는 거냐."

어머니의 침착한 말투가 저녁 식탁을 폭소로 만들었다. 젊은 시절, 술 취한 방랑을 이야기하며 웃을 수 있는 친구가 진짜 친구가 아닐까?

그 남 자 그 여 자 의 파 리

두 마크에게는 우정이 있고 사랑이 있다. 그들은 바깥을 향해 열려 있다.
그들은 위대하지 않고, 위대해지려고 노력하지 않는다. 부자도 아니며
부자가 되기 위해서 노력하지도 않는다.
다만 그들에게는 자유로운 시간이 있다. 주말에 미술관에 아이를
데리고 가고, 전시에 감동을 받고, 예술을 사랑하는 평범한 파리지앵이다.

마크는 카피를 만나 아주 자상한 가장이 되었다.

"후회할 것 없는 인생을 보냈어. 이젠 카피와 조아킴이 있으니 그것으로 족
해."

카피는 화가다. 그녀의 눈은 사람들의 눈에 항상 착실하게 고정되어 있어서
빤히 쳐다보는 인상을 준다. 카피는 남쪽 나라의 사람들처럼 감정이 풍부해
서 이야기할 때마다 눈물이 쏟아질까봐 조바심이 난다. 그 둘 사이에는 조아
킴이라는 아들이 있는데 어렸을 적부터 신동처럼 그림을 그렸다. 카피는 걱
정스러운 얼굴로 이렇게 말하고 했다.

"너 아니? 글쎄 그 앤 하루 종일 밥 먹고 그림만 그려."

마크는 자신이 살아온 것처럼 조아킴에게 아무것도 강요하지 않는다.

"아이들에게 가장 중요한 것은 열정을 갖는 거야. 하지만 열정은 부모의 강
요로 생기는 것이 아니지."

마크는 악기나 음악이론을 정식으로 배운 적이 없다.

"조아킴이 어렸을 때, 탁아소에 데려다 줄 때면 차 안에서 아이가 심심할까
봐 노래를 지어서 흥얼흥얼 불러줬어. 어느 날 그 곡에 가사를 붙였고, 그리

 그런데, 정말 넌 뭘 바라는데?

고 운이 좋게 프로패셔널한 뮤지션들과 스튜디오에서 녹음할 기회가 생겼어. 문화도서관에서 만난 사람이 도움을 주었지.”

마크는 리옹에 있는 고아원협회 초청으로 콘서트를 준비하고 있다. 선천적 뇌 질환을 앓고 있는 고아인 아나엘을 위한 곡을 새로 만들었다고 흥얼거렸다.

“넌 유명한 가수가 되고 싶지 않니?”

내가 넌지시 물었다.

“유명한 가수가 되면 뭐가 달라질까? 돈은 많이 벌겠지. 모나코에 별장을 사면 카피가 좋아할 거야. 그리고 파파라치들이 쫓아다니겠지. 그게 무슨 삶일까? 자유로울 수 있고, 재능을 남에게 나눠줄 수 있다면 난 그것으로 만족해. 몇 년 전에 그림을 그리다가 벽에 부딪힌 느낌이 들어서 붓을 놨어. 그런데 음악은 그림에 대한 열정을 다시 충전시켜 주었어. 이젠 그림을 다시 그릴 수 있을 것 같애.”

우린 새벽까지 와인을 마셨다. 그들은 잘 먹고 잘 마시는 친구들이다. 우리의 대화에는 궁핍함이 없다. 두 마크에게는 우정이 있고 사랑이 있다. 그들은 바깥을 향해 열려 있다. 그들은 위대하지 않고, 위대해지려고 노력하지 않는다. 부자도 아니며 부자가 되기 위해서 노력하지도 않는다. 다만 그들에게는 자유로운 시간이 있다. 주말에 미술관에 아이를 데리고 가고, 전시에 감동을 받고, 예술을 사랑하는 평범한 파리지앵이다.

프랑스어에는 ‘봉비벙Bon vivant’이라는 단어가 다행히 존재한다. ‘인생의 즐거움을 누리고 나눌 줄 아는 사람들…’ 그들은 항상 나에게 이런 질문을 남긴다.

‘그런데 넌 정말 뭘 바라는데?’

157.

그녀는 카운터에 떼 지어 몰려 있는 남자들을 지나
그날 마지막으로 빛나고 있는 붉은 광선을
뒤집어쓴 채 저녁노을과 마주섰다.
―마그리트 뒤라스

결혼하지 않는 엄마

소피

Sophie

maman célibataire

VOILERIE
Capitaine COOK

©photo by Sophie Knap

거리 풍경

몽루주에서도 파리 경계와 맞닿으면서 시작하는 거리가
바로 앙리지누 거리이다. 1950년부터 아흔네 살로 죽을 때까지
자그마치 50년 동안 시장을 지낸 앙리 지누 씨의 이름을 딴 거리로,
몽루즈에 사는 사람들의 전형적이고 일상적인 삶이 스치는 거리다.

La Scène de rue

파리를 둘러싸고 있던 성곽 자리에 만들어진 외곽순환도로 페리페리크를 경계로 파리는 교외지역인 방리유banlieues와 나뉜다. 이 순환도로는 파리라는 메트로폴리탄 박물관의 바리케이드 역할을 해준다. 이 바리케이드가 파리의 팽창을 막고, 그 진귀함에 가치를 부여한다고 생각하는 사람도 있다.

몽루주Montrouge는 파리의 남서쪽 경계에 붙어있는 조그만 교외 도시다. 몽루주는 붉은 산이란 뜻인데, 토양이 붉고 지대가 약간 높다는 데서 이름이 유래했다고 한다. 몽루주에서 자전거를 타고 나가면 페달을 밟지 않고도 기분 좋게 파리로 미끄러져 들어갈 수 있다.

1800년대 이곳은 초콜릿 공장, 인쇄소, 구두약 공장들이 모여 있던 곳이다. 제2차 세계대전 중에는 전설적인 레지스탕스들이 활약한 곳으로도 유명한데, 이곳이 철도회사의 본거지였기 때문이기도 하다. 또한 〈시청 앞의 연인〉이라는 키스 장면으로 파리의 이미지를 전 세계적으로 광고했던 로베르 드와노Robert Doisneau, 1912~1994가 살았던 곳이기도 하다.

요즘은 초콜릿 공장도, 인쇄소도 찾아볼 수 없다. 혼잡한 파리 시내를 피해 이동한 중산층 파리지앵들의 빌라지로 바뀌었다. 방향지 '아르메니' 종이 공장에서 가끔 바람을 타고 날아오는 은은한 안식향만이 옛날 몽루주의 향수를 느끼게 해줄 뿐이다.

몽루주에서도 파리 경계와 맞닿으면서 시작하는 거리가 바로 앙리지누 거리이다. 1950년부터 아흔네 살로 죽을 때까지 자그마치 50년 동안 시장을 지낸 앙리 지누 씨의 이름을 딴 거리로, 몽루즈에 사는 사람들의 전형적이고 일상적인 삶이 스치는 거리다.

매일 아침 허겁지겁 뛰어가는 지각생 타이스 모녀. 단골 지각생 타이스가 마라톤 대회에서 금메달을 받았을 때, 이 동네 사람들은 두 모녀가 고통스럽게 뛰는 광경을 자연스럽게 떠올렸을 것이다. 어렸을 적부터 아이에게 어려운 상황을 극복하게 하는 교육방법이 효과적이지 않을까 고민하게 된 부모가 있을지도 모른다.

우연히 〈사이콜로지〉라는 잡지를 뒤적이다가 누드 사진을 찍은 타이스의 엄마를 보면서 혹시 등교시간이라는 것이 그녀에게는 불편한 옷 같은 의미일지 모른다는 생각을 한 적도 있었다. 하지만 그녀를 아는 사람들은 나에게 이렇게 말하곤 했다. "그건 그냥 일종의 병이라고."

오후 네 시 반이면 하얀 가운을 입고 학교에 딸을 찾으러 가는 빵가게 주인아저씨. 큰 키에 입을 굳게 다문 그는 장 피에르 주네 영화 〈델리카트슨 Delicatessen〉에서 나오는 배우처럼 섬뜩하고 차가운 인상이다. 하지만 그가 만드는 짭짤하고 바삭한 트라디씨옹 tradition 빵맛에 반하지 않는 사람은 없다. 맛있는 빵을 파는 빵가게라면 향긋한 빵 냄새처럼 통통한 그의 부인 같은 안주인이 있어야 한다. 밀가루처럼 하얀 피부에 주근깨가 많은 빵집 딸, 모르간은 평온한 눈을 가졌다. 모르간을 볼 때마다 매일 죄인을 다뤄야 하는 검사나 판사보다, 환자를 다루는 의사보다, 따뜻하고 향기로운 빵을 만드는 부모를 가진 것도 나쁘지 않을 거라 생각하게 된다.

등교시간과 관계없이 파리 마라톤에 참가하기 위해 반바지 차림으로 뛰고 있는 앙트완 Antoine은 몸무게가 20킬로그램이나 빠졌다고 했다. 그의 부인은 학교 앞에서 이렇게 종알거리고 있다.

"내 생각에 저렇게 뛰는 것도 일종의 중년의 위기라고 봐. 이젠 늘어진 가죽을 위해서도 뭔가를 해야 할 텐데 말이야."

Campaillette
Campaillou
Campagrain
J'utilise une farine
LABEL ROUGE des
Grands Moulins de Paris
Cela vous garantit
l'identité et la provenance des
variétés de blé sélectionnées
pour sa composition
Campaillette
pains
Campaillou

작고 아담한 아파트에 단둘이 사는
모녀의 삶을 엿볼 땐, 남자가 부재한 세계,
부드러운 여성성에 대한 몽환적이고
시적인 느낌을 받는다. 그것은
일반 가정에서는 느낄 수 없는
간결한 워크아웃의 정서 같은 것이다.

소피와 루이즈

이 거리에서 가장 반가운 스침은 바로 소피와 그녀의 딸 루이즈다. 하교 시간에 노닥이며 이 길을 지나가는 모녀에게서는 마리 로랑생Marie Laurencin, 프랑스 여류화가의 수채화처럼 파스텔조의 여성적인 부드러움이 느껴진다. 작고 아담한 아파트에 단둘이 사는 모녀의 삶을 엿볼 땐, 남자가 부재한 세계, 부드러운 여성성에 대한 몽환적이고 시적인 느낌을 받는다. 그것은 일반 가정에서는 느낄 수 없는 간결한 워크아웃의 정서 같은 것이다.

소피를 처음 만난 기억은 확실하지 않다. 자전거를 끌고 학교 앞에 루이즈를 데리러 왔던 키가 큰 소피를 본 모습만 기억에 남아 있다. 처음 소피를 저녁 식사에 초대하기 위해서 전화했던 날이었다.

"토요일이라고? 이런 어쩌지? 토요일은 루이즈 아빠의 결혼식이다. 아참, 그리고 신부는 내가 아니야."

전화기 저편에서 깔깔거리며 웃는 소리에 갑자기 당황했다. 헤어진 남자, 아이의 아빠가 다른 여자와 결혼을 한다는 걸 위로해야 할지 축하해야 할지 모르는 일이었다. 전화를 끊고 한참 동안 '루이즈 아빠의 결혼식'이라는 말이 귀에 남아 있었다. '옛 남자의 결혼식'에 그렇게 호탕하게 웃는 여자는 한 번도 본 적이 없었다.

소피는 서른여덟의 미혼모다. 파리 사람들의 고질병인 우울증으로 정신과 의사에게 호주머니를 털리는 일도 없고, 학교 정문 앞에서 루이즈의 담임선생님을 세워두고 프랑스어 문법을 또박또박 체크할 정도로 적극적이고, 자신의 구형 사진기로 인물사진을 담고 인화하면서 즐거움을 느끼는 다분히 문화적인 여자다. 생각이 너무 쏜살같아 남이 하는 말을 잘라 혼자서 요리해 버리는 급한 성격이라는 점만 빼면 말이다.

그녀는 어느 날 내가 비빔밥을 하려고 말을 꺼내면 잽싸게 잘라서 매운탕을 끓여 버린다. 난 원하지 않는 매운탕을 앞에 두고 늘 울상이 되고 만다. 정말이지 그녀 앞에서 원하는 요리를 만들기는 쉽지 않다. 요즘 소피는 내게 스시 요리법을 배우고 있다. 요리법을 사사받을 때만은 그녀도 내 말을 끝까지 듣는다. 어쩌면 요리법과 함께 남의 이야기에 귀를 기울이는 법을 소피에게 가르쳐주어야 할지도 모른다.

소피는 화장을 하지 않는다. 구두를 신거나 치마를 입은 걸 본 적이 없지만 수수한 운동화 차림에도 꾸미지 않은 매력이 있다.

"치마를 입고 있으면 난 꼭 옷을 벗고 있는 느낌이 들더라. 남자들은 여자들이 입은 옷에 따라서 시선이 달라져. 입은 옷이 다르기 때문에 똑 같은 사람을 쳐다보는 시선이 달라지는 건 부담스러워. 그렇다고 내가 여성적인 코드를 반대한다는 의미는 절대 아냐. 단지 난, 내가 원하는 상황에서 내가 그 코드를 선택해서 사용하는 것뿐이야."

유혹이라는 코드가 골자를 차지하는 소비사회에서 소피의 이야기는 급진적 여성주의자의 선언처럼 들린다.

〈파리지앤느〉라는 여성 잡지가 있다면 표지모델이 될 법한 여자 친구가 있다. 초콜릿 향수를 뿌리고 눈 화장에 공을 들이고 유행이 되는 옷을 제일 먼저 사서 입는 그런 타입 말이다. 그녀는 샐러드는 먹지만 칼로 닭이나 생선 써는 건 끔찍한 일이라고 생각한다. 스포츠클럽에 나가서 잘록한 허리를 만들고, 그것만큼 정규적으로 다리털을 뽑으러 가는, 누가 봐도 몸을 가꾸는 데 열심인 그녀였는데 남자 친구가 없었다.

그녀는 어느 날 마음에 두었던 남자에게 저녁 초대를 받았다고 가늘게 떨리는 목소리로 나에게 전화를 했다. 내가 알고 있는 한 만반의 준비를 갖추고 아파트 초인종을 눌렀을 것이다.

"그래 어땠어?"

다음 날 전화를 걸어온 그녀에게 화들짝 반가워하며 물었다.

"저녁을 먹고 술을 한잔 마시자마자 주사위 놀이를 하자고 하더군. 그래서 새벽까지 주사위만 던지다 왔다. 이렇게 비참한 상황을 넌 상상이나 할 수 있겠니? 이해할 수 있겠냐고!"

그녀의 목소리는 절규에 가까웠다. 파리에서는 여자가 만반의 준비를 하고 갔을 때, 남자와 주사위 놀이만 하다 돌아오는 건 머리카락을 쥐어뜯고 싶을 만큼 모욕감을 주는 일이라는 걸 깨우치게 했던 사건이었다.

PARIS

오랫동안 노처녀로 살았던 어떤 여자가, 혼자 사는 가장 큰 괴로움은 '등 한 가운데 파스를 붙이는 일'이라고 했던 기억이 난다. 그러나 가족의 집단생활 이라는 것도 개인에 따라서는 온당치 않은 형벌일 수도 있다는 생각을 할 때 가 있다. 1년에 몇 백 끼니의 식사 메뉴를 생각해내야 하고, 늦잠을 자고 싶 어도 자명종처럼 일찍 일어나서 일과를 수용해야 한다. 자기 기분과 전혀 상 관없이 여행을 떠나기 위해서 짐을 꾸려야 한다.

육체적인 피곤함을 떠나서 정신적인 스트레스는 어떤가? 주차할 자리를 찾 거나 운전을 할 때, 자기와 전혀 생각이 다른 사람이 운전대를 잡고 답답하 게 운전을 한다. 고용된 기사였다면 보너스까지 주고 이제 다른 일자리를 알 아보라고 할 수 있다. 그러나 상대가 배우자라면? 프랑스 예비 신랑신부에게 던지는 가톨릭교회의 질문 중에 끔찍하게 싫어하는 음악에 맞춰서 고개를 흔 들며 노래를 부르는 배우자를 옆에 두고 자동차 여행을 하는 것을 참을 수 있 겠냐는 항목은 없다.

Sophie's choice 소피의 선택

"난 주어진 가치에 나를 끼워 맞추고 싶지 않아. 혼자 산다는 것, 그리고 프리랜서로 일을 한다는 것 은 자신을 위한 만족감을 스스로 찾는다는 명제가 필요하거든. 난 남이 던져준 도덕적 기준을 잡으 려고 달려가지는 않을 거야. 결혼이든 일이든 나 자신의 가치를 스스로 찾는 것이 내가 살아 있다는 증거라고 생각해."

동거의 기쁨이 동거의 불편함을 감당할 수 있다면 그나마 다행스런 일이다. 누군가 남편과 같이 사는 이유는 엘리베이터가 없는 아파트 4층까지 에비앙 물통을 나르기 힘들기 때문이라고 한들 어쩌겠는가.

소피는 8년 전, 다른 여자를 만나는 루이즈의 아빠에게 조용히 집을 떠날 것을 요구했다.

"만약에 혼자 살기 두려워서 그대로 참고 사는 삶을 선택했다면 자신에게 부끄러웠을 거야. 사랑은 시작할 수도 있고 끝날 수도 있어. 그 다음은 철저하게 자유로운 선택이야. 난 내 선택을 자랑스럽다고 생각해."

혼자서 루이즈를 키우는 소피는 방송국 편집 프리랜서 일을 하면서 대학원 논문을 쓰고, 다큐멘터리를 만들고, 소설을 쓴다. 그리고 남은 시간에는 루이즈와 같이 동화책을 만들고 친구와 그림책을 기획한다. 거기에 배수구를 고치고, 형광등을 갈고, 컴퓨터 프로그램을 깔고, 집안일을 혼자 한다.

소피의 손은 나이보다 훨씬 늙어 보이는데, 마치 그런 많은 일을 하는 불가사의함에 현실성을 부여하는 것처럼 보인다. 난 한 번도 그녀가 지쳐 있거나 투덜거리며 신세 한탄하는 것을 본 적이 없다.

"주어진 가치에 나를 끼워 맞추고 싶지 않아. 혼자 산다는 것, 그리고 프리랜서로 일을 한다는 것은 자신을 위한 만족감을 스스로 찾는다는 명제가 필요하거든. 난 남이 던져준 도덕적 기준을 잡으려고 달려가지는 않을 거야. 결혼이든 일이든 자신의 가치를 스스로 찾는 것이 내가 살아 있는 증거가 아닐까 생각해."

소피가 지치거나 자기연민에 빠지지 않는 이유는 아마 이런 확고한 자기 신념을 가지고 있기 때문일 것이다.

프랑스에서는 소피에게 미혼모라는 말을 쓰지 않는다. 결혼하지 않고도 소피처럼 아이를 낳고, 혼자 키우는 것을 자랑스러워할 수 있다. 개인의 성격과 가치관에서 비롯된 것일까? 어쩌면 그것은 프랑스 육아시스템의 성과에서 비롯되었다고 보는 것이 타당할 것이다.

결혼이 인간의 본성에서 비롯되었다고 생각하는 것은 낡은 개념이 되었다. 국가는 결혼이라는 사회적 제도를 조절하고 배치하는 역할을 한다. 100년 전 프랑스에서는 사생아라는 말이 존재했지만 지금은 그런 개념조차 사라졌다. 엄밀한 의미에서 결혼을 하지 않은 커플 사이의 출산율은 결혼한 부부 사이에서 태어나는 아이들의 출산율을 앞질렀다.

머지않은 미래에 사람들은 결혼이 오래된 관습에서 비롯된 제도라고 생각하는 날이 올지도 모른다. 이혼율이 높은 프랑스에서 소피처럼 변형된 핵가족의 개념은 사회 시스템과 소비문화를 바꾼다. 이혼은 상처, 마음의 불치병이 아니라 삶의 새로운 선택이다.

교육목표가 딸들이 이혼을 해도 독립해서 잘살 수 있는 기능적인 직업 교육이라고 생각하는 친구 파스칼은 독실한 가톨릭 신자인데, 그녀의 자녀교육 솜씨는 정말 노련하다. 너무나 노련해서 감상주의가 발붙일 틈이 없을 정도다. '교육은 행복을 위한 것, 행복은 독립을 위해서'라는 그녀의 명쾌한 이론을 듣고 있자면 멀지 않은 시기에 결혼은 종교와 같은 믿음을 갖지 않으면 아무나 선택할 수 없는 무거운 명제가 될 것 같다는 예감마저 든다.

 결혼하지 않는 엄마

소피의 방

삐걱거리는 오래된 마룻바닥이 깔려 있는 소피의 아파트는 거실에 방이 하나 딸려 있다.
아파트의 마지막 층인 소피의 집 거실의 커다란 창문으로는 하늘이 보인다.
벽에는 루이즈의 그림이 걸려 있고, 잘 가꿔진 화초가 크고 작은 창문 앞에 놓여 있다.

     결혼하지 않는 엄마

루이즈가 동생이 생겼다는 소식을 나에게 알려 줄 때 소피는 마치 조카를 얻은 이모의 표정이었다. 소피는 얼마 후 고양이를 한 마리 입양했다.

"집에 단둘이 있으면 어쩔 수 없이 자꾸만 루이즈에게 집중되는 무게가 부담스러웠어."

소피는 고양이 입양담 끝에 연애담도 빠뜨리지 않는다.

"메트로에서 우연히 내가 가르치는 학생을 만났는데, 바로 그 옆에 앉은 남자가 우리 이야길 듣더니 같은 대학교에서 강의를 하고 있다는 거야. 학생이 나에게 눈을 찡긋하고 내렸어. 그 남자와 강의 이야길 주고받다가 둘이 어떤 책 이야기에 푹 빠졌어. 대화에 정신이 팔려 있는 사이에 그가 내릴 정거장을 놓칠 뻔한 거야. 그 남자가 가방을 들고 황급히 뛰어내렸지. 문이 닫히기 직전에 그가 나를 쳐다보더니 자기 이름을 소리치는데 소음 때문에 들리지가 않았어. 문이 닫히고 나서 옆 좌석에 앉은 사람에게 "방금 저 사람이 하는 소리 들었어요?"라고 물었더니 고개를 가로젓더라고.

메트로는 떠났고 아쉽다는 생각이 들었지. 그런데 집에 와서 문득 그 사람이 강의하는 과목이 떠올랐지. 학교 사이트에서 이름을 찾아서 메일을 보냈어. 답장이 올까? 진전된 이야기는 다음번을 기대하라고."

소피는 의미심장한 웃음을 지어 보인다. 결혼하지 않은 엄마를 가진 루이즈는 어떤 기분일까? 나이 많은 언니와 사는 기분일까?

삐걱거리는 오래된 마룻바닥이 깔려 있는 소피의 아파트는 거실에 방이 하나 딸려 있다. 아파트의 마지막 층인 소피의 집 거실의 거다란 창문으로는 하늘이 보인다. 벽에는 루이즈의 그림이 걸려 있고, 잘 가꿔진 화초가 크고 작은 창문 앞에 놓여 있다.

"저녁이 되기 직전 푸른빛이 아파트의 거실로 스며들 때, 그 순간은 정말 아름다워. 그 푸른빛은 정확히 이름을 붙일 수 없는 색이야. 나에게 행복은 그런 순간이야. 내 안에 잠들어 있는 어떤 부분을 일깨울 때 느끼는 기쁨. 그건 마치 낚싯대로 물고기를 낚는 것 같아. 정확히 그런 어떤 것을 잡아서 끄집어 냈을 때, 내가 살아있다는 것을 느껴. 바로 그 점 때문에 우린 동물과 다른 것이 아닐까?"

소피를 볼 때면 기차에서 만난 어느 아름다운 부인이 떠오른다. 일곱 시가 넘은 저녁이었다. 교외에서 파리로 들어가는 기차에 허겁지겁 운 좋게 올라탔다. 자리에 앉아서 숨을 돌렸을 때, 맞은편 좌석에는 예순 살이 조금 넘어 보이는 부인이 앉아 있었다. 주름이 아름답다는 생각이 들었던 것은 그녀의 온기 있기 눈길 때문이었는지도 모른다. 기차간에서 마주보고 앉아 대화를 주고받으면서 문득 교양이란 세련됨과는 다르게 타인을 대하는 따뜻한 마음이 아닐까 생각했다. 부인은 기차에서 내리기 전에 샤틀레 역에 세워둔 자전거를 타기 위해서 자전거 열쇠를 준비했다. 파리의 저녁 하늘, 자전거 위에서 나팔거리는 이 부인의 치맛자락을 상상하면서 상큼한 기분이 드는 저녁이 있었다.

소피… 자신의 바람대로 브르타뉴^{Bretagne} 지방의 바닷가에 조그만 책방을 내고 동네 아이들에게 책을 읽어주는 노년을 보내게 될까? 메트로에 앉아서 돋보기안경을 쓰고 파트너 찾는 광고를 읽고 있을까? 문득 소피가 그날 저녁 기차에서 만났던 부인처럼 향긋한 저녁 공기를 맡으면서 자전거를 타고 가는 모습을 상상하면 어쩐지 내 기분까지 상쾌해진다.

만약에 행복이란 이름으로 집을 짓는다면
가장 큰 방이란 바로 대기실이 아닐까?
—Jules Renard

inier pour une
vie simple

뱅상과 이자벨

라뷔토카이의 그 남자,
그 여자

연인들의 이름이 새겨진 자물쇠를 다리 위의 철망에
잠가 놓고 열쇠를 센 강에 버리는 풍습으로 다리
위에 매달린 수천 개의 자물쇠는 파리 시의
골칫거리가 되었다. 급기야는 파리 시에서 자물쇠를
전부 철거하겠다고 공표했다. 그러나 단단히 잡고 싶은
영원함의 열망, 혹은 미망을 철거하진 못할 것이다.

거리에 이름을 붙이는 프랑스 사람들의 운치는 따라갈 재간이 없다. 파리를 산책하다가 우연히 '물위의 다락방'이라고 적힌 거리 이름을 발견하면 저절로 '물위의 다락방'에 사는 기분은 어떤 것일까 상상하게 된다. 아무리 형편없는 파리지앵들에게도 약간의 유머와 약간의 시적 감각이 있는 것은 이런 데서 연유한 것인지도 모른다.

'메추라기의 언덕'이라는 뜻의 라뷔토카이에 메추라기는 없지만, 아담하고 작은 언덕이 정감 있는 곳이다. 몽마르트르Montmartre, 프랑스 파리 북부에 있는 제18구의 일부를 제외하고는 평지가 대부분인 파리에 라뷔토카이는 작은 언덕이라는 사실 하나만으로 색다른 운치를 느낄 수 있기 때문이다. 차이나타운이 십 분 거리도 되지 않는 곳이지만, 분위기로 따지자면 차이나타운과는 너무 먼 곳이다. 이곳은 젊은 파리지앵 취향의 노상 카페들이 즐비하다. 햇빛 잘 드는 카페의 창문 앞에 앉아서 골똘히 책을 읽고 있는 청년의 모습은 빛바랜 흑백 사진을 보

는 착각을 불러일으킨다. 이 거리에 뱅상과 이자벨이 산다.

라뷔토카이 거리 한가운데를 가로지는 전선주에 걸려 있는 신발을 발견하고 깜짝 놀란 적이 있다. 길을 걷다 말고 전선주를 올려보면서 멀쩡한 신발들이 왜 저기 올라가 있을까 궁금해서 카페 주인에게 물어보았다.

카페 주인은 머쓱한 표정으로 이렇게 대답했다.

"누군가 처음 신발을 던졌고, 그 다음 사람이 또 신발을 던졌고 그래서 당신은 저 광경을 보고 있는 거죠. 그 나머지는 해석하기 나름입니다."

신발을 벗고는 쪼그리고 앉아 양 신발의 끈을 정성스럽게 묶어 전선주를 향해 신발을 던진 남자는 그 순간 무슨 생각을 했을까? 그는 맨발로 돌아갔을까? 감상적인 치기, 혹은 상큼한 일상의 도발은 보는 사람의 웃음을 머금게 만든다.

파리 센 강의 다리 가운데 하나인 '예술의 다리'엔 요즘 자물쇠가 주렁주렁 달려 있다. 연인들의 이름이 새겨진 자물쇠를 다리 위의 철망에 잠가 놓고 열쇠를 센 강에 버리는 풍습으로 다리 위에 매달린 수천 개의 자물쇠는 파리 시의 골칫거리가 되었다. 급기야는 파리 시에서 자물쇠를 전부 철거하겠다고 공표했다. 그러나 단단히 잡고 싶은 영원함의 열망, 혹은 미망을 철거하진 못할 것이다. 자물쇠 위에 매직 팬으로 쓰인 말 중엔 이런 것도 있었다.

"기욤, 개자식."

Restaurant
Café
TABAC
FRANÇAISE
DES JEUX
LOTO
Heineken

라발오봉 이야기

센 강엔 지금도 라발오봉이라는 배가 있다.
하지만 선상 극단도 까만 셔츠를 입은
연극애호가 주인도 존재하지 않는다.
이젠 거의 잊어 버린 연극 대사처럼
아마추어 선상극단 사람들의
기억 속에 희미하게 남아 있을 뿐이다.

Là-balle au bord

이자벨과 뱅상이 만난 곳은 노트르담 성당 바로 옆의 센 강가에 정박된 라발
오봉La balle au bond이라는 배였다. '튀어 오르는 공'이라는 뜻의 라발오봉 1층에
는 바가 있었고, 선실로 내려가면 70명 정도의 관객이 관람할 수 있는 연극
무대가 있었다. 이 무대에서는 재즈 공연이나 카페테아트르 카페나 카바레 안의 작은 공
간에서 전통적이지 않은 주제와 적은 예산으로 만들어지는 연극 같은 공연이 있었다. 뱅상은 이 배의 선
상극단에서 조명 기술자로 일하고 있었고, 이자벨은 아마추어 극단에서 연
극을 하는 배우였다.

라발오봉의 주인은 사십이 갓 넘은 연극 애호가였는데, 연극 초연이 있는 날
이면 극단 사람들을 위해 선상 바에서 파티를 열었다. 그는 늘 까만 셔츠를
입고 있었는데 말끔한 인상을 주는 사람이었다. 센 강에 있는 배를 상속받아
선상극단을 만들고, 파티를 열고, 가끔 자신의 보트로 강바람을 쐬러 나가는
그의 인생에 채워지지 못한 항목은 무엇일까 상상해 본 적이 있다. 그러나 아
름다운 아내에 사랑스러운 아들까지, 완벽에 가까운 리스트를 가진 운이 좋
은 남자처럼 보였다.

이 배의 조명 기술자로 일하던 뱅상의 꿈은 누군가 비쳐주는 조명을 받고 무

대에 서는 것이었다. 벵상이 이 배의 아마추어 극단에 들어가서 처음 공연한 연극 〈바캉스 Les Vacances〉는 카페테아트르 치고는 꽤 성공적이었다. 그리스로 바캉스를 떠난 한 프랑스 가족의 외국인에 대한 미움과 공포가 가족 사이에서 곪아터지는 자조적인 블랙 코미디는 주말마다 관객들이 가득 찼다.

라발오봉의 주인은 어느 날 자기 배에 달려 있는 작은 보트를 타고 센 강의 유람선 바토 무슈Bateaux Mouches 옆을 지나갔다. 유람선에 탄 관광객들은 그에게 손을 흔들었다. 그도 손을 들어 흔들려고 고개를 돌리는 순간, 정면으로 비친 햇빛이 그의 눈을 가렸다. 그 순간, 바토 무슈 옆으로 빠져나와 있던 쇳덩어리가 그의 머리를 쳤고, 그의 몸은 센 강으로 빠지고 말았다. 하지만 그의 몸은 공처럼 튀어 오르지 않았고, 하루가 지난 뒤 센 강 하구에서 발견되었다.

센 강엔 지금도 라발오봉이라는 배가 있다. 하지만 선상 극단도 까만 셔츠를 입은 연극애호가 주인도 존재하지 않는다. 이젠 거의 잊어 버린 연극 대사처럼 아마추어 선상극단 사람들의 기억 속에 희미하게 남아 있을 뿐이다.

  담백한 인생 요리사

Couscous
uniquement
le
soir
COUSCOUS Nature 8 €.
COUSCOUS Merguez 9 €.
COUSCOUS Gigot. 12 €.
COUSCOUS Mouton. 10 €.
COUSCOUS Poulet. 9 €.
COUSCOUS ROYAL. 14 €.
(Merguez, Poulet, Mouton, Gigot.)
AN ORIGINAL STYLE

CHEZ MAMAN
COUSCO
LE TEMPS
EST
UN SÉRIAL
QUI
LEURRE
Miss.Tic

진짜 이야기

우연히 컴퓨터에서 보게 된 사장의 유언장의 내용은 다음과 같다. '만약 내가 자연사로 죽지 않았을 때 의심해야 하는 사람들 리스트.' 물론 제 1순위는 사장의 부인이다. 거기엔 자신이 돌연사로 죽는 경우엔 반드시 아내를 상속인에서 제외시킬 것이며, 의사가 자연사라고 판정을 내리더라도 반드시 살인청부에 초점을 맞춰 수사를 하라는 내용이 덧붙어 있었다.

오랜 친구인 이자벨이 몇 년간의 실업자 생활을 정리하고 베일에 가린 듯한 거대한 부동산 회사와 유명한 영화제작을 하는 회사의 사장 비서로 취직을 했다. 데이빗 린치David Keith Lynch, 영화감독를 만나고 리들리 스콧Ridley Scott, 영화감독과 전화통화를 하고 말로만 듣던 할리우드 감독들과 스케줄을 잡는 일을 하던 그녀가 몇 개월 만에 회사를 그만두기로 결심하는데, 그 이유는 바로 사장의 '피해 편집증' 때문이었다.

화장실에 갈 때 컴퓨터를 끄지 않으면 불같이 화를 내는 사장에게 "화장실을 가는데도 꼭 컴퓨터를 꺼야 하나요?"라는 질문에 사장의 대답은 이랬다.

"그건 말이지, 큰일을 보느냐 작은 일을 보느냐에 따라 달라지는 사안이 지…."

그러나 정작 비서실에 들어올 수 있는 사람은 사장과 비서인 이자벨, 그리고 스물다섯 살짜리 난독증 환자인 사장의 아들뿐이다. 이자벨은 사장의 비서인 이유로 아주 가까운 전화의 대화내용을 엿들을 수 있었는데, 공동제작 중인 벨기에의 영화사 담당자와 전화 통화하는 내용은 이런 것이었다.

"아니 뭐라고? 벨기에는 난쟁이가 없다고? 난쟁이는 지천에 깔렸어 그쪽에서 찾도록 해봐. 뭐? 매춘부 같은 여자? 그런 여자도 지천에 깔렸다고. 가만 있어 보자… 매춘부에게 의상을 입히면 돈이 들어가니까, 자 이렇게 시나리오를 고쳐. 난쟁이가 매춘부인 걸로…."

 이 사장에겐 소송 중인 사건만도 여덟 개가 넘었고, 그 소송 중에는 소송에서 진 자신의 변호사를 대상으로 건 소송까지 포함되어 있다. 그런 이유로 고연봉인 이자벨의 주 업무는 소송과 관련된 상당히 중요한 문건을 복사하는 일이었다. 그런데 혹시 복사기에 입력된 정보를 회사의 누군가가 훔쳐갈지도 모른다는 사장의 편집증 때문에 이자벨은 허름한 동네 복사집에서 그 엄청난 문서를 위탁 복사해야 했는데, 정작 사장이 전전긍긍하는 그 중대 문건들이 다른 뜨내기손님들의 복사물과 뒤섞여 하루 반나절 복사집의 먼지를 뒤집어쓰고 기다리는 일이 종종 있었다는 것이다.

이자벨이 우연히 컴퓨터에서 보게 된 사장의 유언장의 내용은 다음과 같다.

'만약 내가 자연사로 죽지 않았을 때 의심해야 하는 사람들 리스트 거기엔 대략 스무 명이 올라와 있었다.' 물론 제 1순위는 사장의 부인, 거기엔 자신이 돌연사로 죽는 경우엔 반드시 아내를 상속인에서 제외시킬 것이며, 의사가 자연사라고 판정을 내리더라도 반드시 살인청부에 초점을 맞춰 수사를 하라는 내용이 덧붙여 있었다.

'돈 많은 사람들은 불행하다'라고 위안하기 위해서 지어낸 이야기는 절대 아니다.

LOVE
NEVER
ENDS
PARIS

어떤 만남

Une rencontre

마흔 번째 생일을 맞은 뱅상. 머리칼은 듬성듬성하고, 불룩하게 튀어나온 배 때문에 청바지는 항상 배꼽 밑에 걸쳐 있다. 몇 년째 그가 입고 있는 스웨터는 유행에 뒤떨어졌다기보다는 처음부터 유행과는 상관없었던 느낌을 준다. 그의 낡은 신발은 어떤가. 르네 마그리트René Magritte, 초현실주의의 거장의 그림 〈붉은 모델〉에 그려진 발의 일부가 되어버린 신발처럼 느껴진다.

하지만 뱅상은 라뷔토카이에 사는 중산층 파리지앵, 소위 보보 파리지앵으로 전혀 손색이 없다. 그는 더 이상 계약을 연장하지 않아도 되는 영구계약직 문화센터 조명기사로 일하고 있고, 투명한 피부에 눈썹이 짙은 아내 이자벨, 그리고 이자벨을 닮은 딸 줄리에트와 슈퍼맨을 좋아하는 아들 바티스트가 있다. 깜찍한 줄리에트는 연극 〈어린 왕자〉의 장미꽃 역할을 맡아 전국 순회공연을 하고 있다. 조명을 받고 무대 위에 서는 뱅상의 꿈은 그렇게 실현이 된 것이다.

뱅상과 이자벨, 13구의 라뷔토카이의 큼직한 아파트에 살면서 1년에 12주의 바캉스를 사용할 수 있으며, 불안정한 수입 때문에 노심초사할 필요가 없다. 이제 그는 6개월 전에 여름 바캉스를 계획할 수 있는 여유, 그렇다 진짜 여유가 생긴 것이다. 뱅상은 누구보다도 이 여유의 참맛을 즐길 줄 아는 사람이다.

"내가 노르망디에서 자랄 땐 텔레비전 채널이 세 개뿐이었어. 저녁 여덟 시 반이면 매일 영화를 해줬는데 난 하루도 빠짐없이 영화를 봤지. 텔레비전은 나의 유일한 문화적 우물이자 열정이었어."

노르망디에서 칼바도스Calvados, 사과로 만든 사과 브랜디를 만드는 농부의 아들로 태어난 뱅상. 그가 파리에 와서 처음 시작한 일은 〈르 휘가로Le Figaro〉지의 전속 택배 일이었다. 스쿠터로 파리의 골목을 누비는 일은 힘들지 않았다. 오히려 프랑스와 트뤼포François Truffaut, 장 뤽 고다르Jean Luc Godard, 프랑스 누벨바그Nouvelle Vague 영화 속의 파리를 다시 확인하는 설렘과 흥분으로 가득 차 있었다.

"난 영화에 관한 일이라면 무엇이든 하고 싶었어."

그러나 6년 동안 뱅상의 파리 상경생활이라곤 엘리베이터도 없는 꼭대기 층 하녀 방에 살면서 배달부를 포함한 잡역부 일, 그리고 실업수당으로 떠났던 인도여행, 술과 하시시Hashish, 대마초가 전부였다. 어느 날 여자 친구마저 그를 버리고 떠났을 때, 뱅상은 자신의 신세를 돌아보게 되었다. 아무것도 가진 것이 없었고, 이력서에 채울 만한 경력도 학력도 없었다. 손을 펴 보니 절망이라는 카드밖에는 없었던 것이다. 미래에 대한 흥분과 울렁거림은 고통으로 바뀌었다. 그 어떤 일도 시도할 수 없을 만큼 완전히 기력을 잃었고, 우울증과 함께 하녀 방에 갇혀 꼬박 6개월을 보낸다. 보다 못한 누나의 권고로 할 수 없이 일자리를 찾으러 국립고용촉진기구에 간 그는, 우연히 벽에 붙은 광고를 보게 되었다.

'라발오봉 – 극단에서 일할 조명기술자 구함, 초보자도 환영'

"이틀 만에 라발오봉의 주인으로부터 전화를 받았어. 연극 공연이라곤 평생 두 번이나 봤을까? 하지만 허드렛일로 잔뼈가 굵었기 때문에 난 어떤 일에도 두려움은 없었어. 선임자에게 조명 연수를 받고 정식으로 일을 할 수 있게 되었지."

벵상이 무대 위로 조명을 비출 때, 유난히 빛이 나는 여자가 바로 이자벨이었다. 짙은 눈썹과 짙은 갈색머리, 아름다운 눈을 가진 이자벨은 파리 대학에서 법학을 전공하고 케임브리지에서 영어를 전공한 재원이었는데, 오로지 연극에 대한 열정으로 가득 있었다.

"그때 라발오봉에서는 하루에 세 편의 공연이 있었어. '브르타뉴의 우디 앨란'이라고 자칭하는 '호호'라는 멍청한 작자의 원맨쇼가 이자벨 공연 바로 직전에 있었어. 호호는 대사를 외우지 못해서 손바닥에 볼펜으로 새까맣게 써 놓았어. 아무도 웃지 않는 대사를 읊고 나서 혼자서 큰소리로 웃는 척하면서 한 바퀴를 돌다가 잽싸게 손바닥 대사를 훔쳐보곤 했지.

너무나 한심해서 불쌍할 정도였다고. 공연 때 그 자를 영웅처럼 모시는 아들이 항상 따라다니곤 했는데, 나중에는 관객이 없어서 공연이 취소되는 적이 더 많았어. 바에서 공친 시간을 때우고 있으면, 다음 공연 분장을 마친 이자벨이 올라오곤 했었지."

영화에 대한 벵상의 열정은 이자벨을 매료시켰고, 연극에 대한 이자벨의 열정은 벵상을 매료시켰다. 마지막 공연을 끝냈을 때, 이자벨은 벵상에게 자신의 전화번호를 건네주었다. 퍼즐조각처럼 딱 맞아떨어진 만남이었다.

그로부터 4년 후, 노르망디 농부의 아들 벵상과, 부르주아 파리 법률공증인의 딸 이자벨은 결혼을 하게 된다. 고등학교도 졸업하지 않는 무일푼 사위를 맞이한 이자벨의 부모가 결혼식 날 불만스러운 표정이었다는 이야기는 어디에서든 찾아볼 수가 없었다.

 담백한 인생 요리사

벵상의 레시피

"요리라는 것은 일단 재료를 잘 고를 줄 아는 눈이 있어야 하고, 열의 원리, 시간에 대한 감각,
그리고 맛을 추적할 줄 아는 혀가 있어야 하지."

라뷔토카이 그들이 사는 현대식 아파트의 널찍한 거실에는 다 쓰러져가는 볼
품없는 소파가 하나 있고, 19인치 텔레비전이 구석에 놓여 있다. 그나마 아
주 큰 책장에 꽂힌 책들이 거실의 내면적인 체면을 지켜줄 뿐이다. 4년 전부
터 이자벨은 "이 소파는 정말 바꿀 때가 됐어."라고 말해 왔지만 소파 위로
슬쩍 천 하나가 덧씌워졌을 뿐이다.

"난 이자벨이 치장을 하거나 비싼 옷을 사기 위해 돈을 쓰는 걸 본 적이 없
어. 하지만 그녀는 이탈리아 여행을 위해 돈을 쓰는 것은 아끼지 않아."

해마다 알프스에 스키를 타러 가면 늘 입던 청바지에 방수가 되지 않는 베이
지색 점퍼, 그리고 초록색 털실로 짠 방울 털모자 차림의 벵상 옆에서 복고풍
으로 다시 돌아오게 될지도 모르는 유행에 떨어진 선글라스를 닦으면서 이자
벨은 약간 미안한 듯 이렇게 이야길 한다.

"이 선글라스는 촌스러워서 이젠 바꿀 때가 됐다고."

하지만 거실에 있는 소파처럼 당분간 선글라스도 그녀를 떠나지 않을 거란
생각이 든다. 어쨌거나 아무리 평면 텔레비전의 장점을 침을 튀기며 늘어놔
봤자 이자벨의 대답은 한결같다.

"텔레비전이 작동을 하는데 어떻게 바꾸지?"

프랑스 사람들에게 구형 텔레비전은 애완용 동물과 비슷하다. 생명이 붙어
있는 한, 길거리에 내다버리는 일은 하지 않겠다는 것이 이들의 생각이다.

 담백한 인생 요리사

패스트푸드를 먹지 않고, 재래시장에 가서 좋은 과일과 채소를 고를 줄 아는 뱅상은 이렇게 말한다.

"난 평면 TV를 살 돈이면 좋은 음식과 좋은 포도주를 마시겠어."

뱅상은 레시피 없이 요리할 줄 아는 진짜 요리사다. 프랑스에서 대단한 요리사들은 주로 남자들이다. 리도 쇼의 마술사 같은 손놀림으로 시간에 맞춰서 요리를 내오는 남편을 가진 여자들은 대부분 요리를 하지 않거나 요리를 못하는 여자들이다. 토마토와 양파, 백포도주가 살짝 들어간 뱅상의 오징어 요리는 흉내 낼 수 없는 맛의 깊이가 있다.

"난 레시피를 보면 대체 무슨 말인지 이해할 수가 없어. 하지만 스테이크를 구울 때 뜨겁게 달구어지지 않은 프라이팬에 고기를 굽는 건 맛을 살해하는 행위라는 것쯤은 알고 있어. 요리라는 것은 일단 재료를 잘 고를 줄 아는 눈이 있어야 하고, 열의 원리, 시간에 대한 감각, 그리고 맛을 추적할 줄 아는 혀가 있어야 하지."

섬세함이란 삶의 태도인 동시에 인생의 스타일을 결정한다.

"내 요리는 단순한 거야. 복잡하게 만든 소스를 사용하지 않고, 그저 소금으로 재료를 살리는 그런 맛이야."

뱅상의 레시피는 언젠가 '난 삶에서 별다른 야심이 없어. 내가 원하는 것은 그저 조용한 삶이야.'라고 말했던 그의 이야기를 되살린다.

르와르에 있는 이자벨 부모의 별장에 초대되어서 먹었던 숯불 생선구이, 그날 별똥별을 보면서 마셨던 포도주 샤토 포이약PAUILLAC은 잊을 수 없는 맛이었다. 그 맛은 그늘의 삶처럼 아주 담백했다.

La recette de Vincent

 단백한 인생 요리사

보 헤 미 안 랩 소 디

폴

Bohemian Rha

자기 자신을 잃어 버리지 않는다면
어떻게 살아도 좋다. 모든 것을 잃어도 좋다.
자기가 있는 곳에 언제나 있다면
−괴테

alain
mikl

습기가 많고 흐린 파리의 긴 겨울 끝에 4월이 오면, 몸은 햇빛을
그리워한다. 정확하게 뼈를 햇볕에 말리고 싶은 욕구가 생긴다.
우리 가족이 4월 부활절 휴가를 떠난 곳은 프로방스 북쪽
뤼브롱에 있는 세레스트라는 마을의 바캉스 클럽이었다.

Une semaine en Provence

가지런하게 심어진 보라색 밭고랑에서 바람을 타고 은은히 풍기는 라벤더 향, 파란 하늘과 조화를 이루는 파스텔 색조의 덧창, 유채꽃보다 더 진한 뤼브롱Luberon의 노란 햇살 아래서는 시선이 닿는 곳마다 색감의 잔치다. 지중해에서 불어오는 국지풍인 미스트랄은 프로방스의 뜨거운 태양을 기분 좋게 식혀준다.

세계는 아름답다고 절규한 카뮈가 묻혀 있는 곳, 뤼브롱. 부드러운 석회석으로 만들어진 집들은 동화적인 친밀감으로 여행자들의 시선을 끈다. 투명한 햇빛과 색감에 끌려 뤼브롱의 풍경을 화폭에 담은 반 고흐는 이렇게 말했다.

"오렌지색, 노란색, 빨간색으로 채색이 된 꽃들은 파란 하늘 밑,

그리고 투명한 햇살 아래서 놀랍게 빛난다.

무엇인지 모르지만 이곳은 북쪽보다 행복하고,

사랑이 넘치게 만드는 것이 있다."

ULTIMA FORSAN

습기가 많고 흐린 파리의 긴 겨울 끝에 4월이 오면, 몸은 햇빛을 그리워한다. 정확하게 뼈를 햇볕에 말리고 싶은 욕구가 생긴다. 우리 가족이 4월 부활절 휴가를 떠난 곳은 프로방스 북쪽 뤼브롱에 있는 세레스트Celeste라는 마을의 바캉스 클럽이었다. 바캉스 클럽이라는 곳은 식사를 해결해주는 레스토랑과 아이들을 위한 키드클럽이 있다.

첫날, 클럽의 레스토랑에서 저녁식사를 하고 있는데 올리브가 내 팔꿈치를 툭 치면서 말했다.

"으와…죽인다."

죄수처럼 파란 수의 같은 옷을 위아래로 입고 있는 남자가 보였다. 특별히 시선을 끈 것은 불룩 나온 배를 덮고 가슴까지 끌어올린 고무줄 바지였다. 얼굴은 동양인인 나보다 두 배는 커 보였는데, 그건 부풀려진 곱슬머리 때문이었다. 만약에 죄수였다면 죄목이 뭐였을까? 사실 얼굴이 큰 것은 죄가 되지 않는다. 하지만 이런 곳에서 목소리가 큰 것은 죄가 된다. 그의 어린 아들 이름이 오스카라는 것을 바로 알게 되었다. 그 남자의 목소리가 레스토랑 안에 찌렁쩌렁 울렸기 때문이다.

"오스카! 너 디저트를 원해?"

식사를 하다 말고 사람들은 우리처럼 일제히 오스카를 쳐다봤다. 네 살쯤 되어 보이는 오스카가 고개를 끄덕였다.

"하지만, 어림없는 소리야!"

과장된 그의 목소리와 제스처는 마치 연기를 하고 있는 것 같았다. 오스카의 아버지는 일주일 동안 목청을 죽이지 않았고, 가슴 바로 밑까지 끌어올린 죄수복을 입고 팔자걸음으로 클럽을 활보하고 다녔다. 다음 날 오스카의 엄마

  보헤미안 랩소디

가 다른 여자들과 수다 떠는 소리를 들었다.

"아이고, 이런 프로방스의 외진 곳에서 장보는 일은 간단치 않은 일이에요. 물론 한 번도 해보지 않아서 모르겠지만."

클럽에서 바캉스를 보낼 땐 유유하게 어항의 물고기를 쳐다보듯이 다른 사람들을 쳐다보는 시간이 많아진다. 하지만 자신 역시 어항 속의 물고기가 되기도 한다는 사실을 알아차리기는 쉽지 않다.

폴과 클레르리즈가 우리 식탁에 합석을 한 것은 둘째 날 저녁이었다. 폴은 40대 후반에 마른 편이었고, 감출 수 없는 영국 억양이 있었다. 클레르리즈는 마음 좋은 이모 같은 인상의 파리지앤느였다. 그녀는 두 아이들을 소개하면서 큰딸 레일라는 폴의 딸이라고 설명했다.

그녀는 프랑스 국영 텔레비전인 아르테 방송에서 일을 하다가 지금은 프리랜서로 예술 영화제를 주관하는 일을 하고 있다고 했는데, 내가 한국 사람이라는 말을 듣고 반가워하며 〈올드보이〉를 감동적으로 봤다고 말했다. 폴은 광고회사를 다니다가 지금은 프리랜서로 사진을 찍고 있다고 했다.

폴의 프랑스어는 좀 느린 편이었는데, 그의 어휘는 상당히 엄선된 문학적인 느낌을 주었다. 우리는 사진과 영화 이야기를 하면서 식탁 위에 있는 로제 와인을 비웠다. 아마 올리브는 오스카의 아버지가 아니라 폴과 클레르리즈 같은 커플과 합석한 사실을 무척 다행스럽게 생각했을 것이다.

"자기가 좋아하는 일을 위해서 안정된 직업을 버리는 건 쉽지 않은 일인 것 같아."

라고 말했더니 폴이 대답했다.

"특히 아이가 둘이나 있는 책임감 있는 사람이라면…."

폴은 자신을 꽤나 무모하고 책임감이 없는 사람이라고 자조적으로 표현했다.

클럽 레스토랑의 요리는 올리브유와 토마토, 마늘을 넣은 프로방스 요리였는데 산뜻하고 가벼웠다.

폴은 걷는 데 상당히 익숙한 사람 같았다. 사진기를 들고 혼자 나가면 저녁 시간이 되어서야 얼굴이 빨갛게 익어서 돌아오곤 했는데, 그 거리는 자동차로도 한참 되는 거리였다. 며칠 동안 폴은 우리 자동차를 얻어 타고 뤼브롱의 작은 마을을 돌아다니며 사진을 찍기도 했다. 이들의 인상은 꾸밈이 없었고 수수하고 조용했다.

나는 폴의 가리어진 인생이 무척 궁금했다. 호기심 때문이었는지, 서로에 대한 호감 때문이었는지 뤼브롱 식탁에서 만난 친구들과의 만남은 파리로 이어졌다.

©photo by Paul Muse

섬나라에서 온 이방인

"고장 난 사진기들은 싼값에 팔아 버리고
아주 작은 자동카메라를 샀어. 그리고
필름을 몇 통 가지고 다시 수단으로
떠났어. 원주민들의 부탁으로 가족사진이
나 단체사진을 찍어주고 나니 필름이
별로 남질 않았지. 그 카메라로 찍은
사진들로 나의 첫 번째 전시회를 열었어.
내가 아프리카에서 배운 교훈은 최소한의
것을 가지고 최대한으로 사는 방법이었던
것 같아.

폴의 집에 가려면 파리를 가로질러야 한다. 센 강을 건널 때, 왼편으로 에펠탑이 반짝거리고 있었다. 아마도 일곱 시를 지나고 있었던 모양이다. 어떤 이는 정시마다 네온불빛으로 반짝거리는 에펠탑은 늙은 에펠할머니가 장 폴 고티에 첨단 디자인 의상으로 새 단장을 한 것이라고 표현했다.

우연히 파리에서 감전된 듯이 반짝거리는 에펠탑을 보면 나는 좋은 일이 일어날 것 같은 기분이 든다. 다리 위에서 열차의 끝을 밟으면 소원이 이루어진다는 덧없는 믿음처럼. 자신을 사랑하는지 모르는 연인에게 전화를 하는 순간 에펠탑이 반짝거리는 걸 본다면 어쩐지 그 연인에게 사랑 고백을 듣게 되는 행운이 일어날 것 같다. 120살이 된 에펠 할머니에게서 이런 로맨틱한 상상을 불러일으키다니 리노베이션 치고는 성공작인 것이 틀림없다.

17구의 바티뇰Batignolles 근처의, 엘리베이터가 없는 폴의 6층 아파트는 자그마한 예술가의 공간이었다. 오래된 나무 바닥과 나름의 스타일을 가진 평범한 가구들은 시간과 손때가 묻어 있었고, 재즈 시디와 책들이 여기저기 쌓여 정리가 안 된 것같이 보였지만 작가의 아틀리에처럼 그 안에는 어떤 질서가 있었다. 거실의 커다란 창문 밖으로는 전형적인 파리의 회색 지붕과 하늘이 보였다.

식탁에 둘러앉았을 때, 클레르리즈가 말했다.

"요즘 해리는 엽총 같은 걸 가지고 놀면서 군인이 되겠다고 우리를 위협해."

그 말을 듣더니 폴이 말했다.

"만약에 아이가 커서 정말 군인이 된다고 한다면, 그땐 정말 내가 인생에서 크게 실패한 부분이 있을 거라고 생각힐 기야. 명령에 따라서 사람을 죽인다는 것, 난 아이 인생에서 그런 일이 제발 일어나질 않길 바래."

클레르리즈가 말을 이었다.

"며칠 전 해리는 동갑내기 톰과 사랑에 빠져서 나에게 이렇게 묻더라고. '엄마 남자들끼리도 결혼을 할 수 있는 거야?' 그래서 '물론 자주 있는 경우는 아니지만 결혼을 하기도 하지' 라고 대답했더니 아주 깊은 안도의 한숨을 쉬던 걸."

어리광과 고집이 센 여섯 살짜리 해리의 얼굴을 생각하니 웃음이 나왔다.

"군인 되는 것을 명예롭다고 생각하는 것보다 동성애자인 편이 훨씬 다행스러운 일 아닐까?"

폴의 말에 난 짐짓 놀랐다. 그에게 반론을 제기할 마음은 전혀 없었지만 그는 내가 생각한 것보다 훨씬 자유인이었다.

폴의 얼굴에는 바게트 같은 주름이 잡혀 있다. 그는 이상하게도 추위와 어울리는 인상이다. 그것은 처음 폴에게서 느꼈던 어떤 문학적인 이미지에서 비롯된 것인지도 모른다.

"내가 자란 곳은 스코틀랜드의 북쪽 끝이었어. 한겨울에는 추워서 집안에 얼음이 얼기도 했지. 열 살 때 동네 약국에서 파는 사진기를 봤어. 그걸 갖고 싶어서 학교까지 매일 걸어 다니며 용돈을 모았지. 석 달이 지나 저금통에 가득 찬 동전을 약국 주인 앞에서 쏟아 부었을 때 주인의 표정을 지금도 기억해."

책을 읽듯이 조용히 자근자근 이야기하는 폴의 말투는 프랑스어가 모국어가 아니기 때문에 묻어 나오는 겸손함이 있다.

보헤미안 랩소디

보헤미안적인 기질을 가진 폴이 영어 교사직을 찾아서
아프리카의 수단으로 떠난 것은 그 다음해였다.
"사막 한가운데에 수돗물도 전기도 없는 곳이라고 했는데,
가보니 정말 그렇더군. 문명과는 완전히 동떨어진 곳이었어.
움막 같은 곳에서 중학생 아이들에게 영어를 가르쳤지."

"아버지의 반대로 사진 공부는 할 수 없었어. 영미문학을 전공하면서 마지막 학년에 컬럼비아 대학에 교환학생으로 가서 사진공부를 할 수 있었다는 것이 대학생활을 계속하게 만들었던 유일한 동기였지. 컬럼비아 대학에 갔던 것은 1980년이었는데, 흑인문학을 들으러 강의실에 들어갔는데 백인은 나 혼자더군. 강의실에 있던 학생들은 물론이고 흑인 교수도 나를 이상한 시선으로 쳐다봤어. 같은 수업을 들었던 학생들과 나중에 친해졌지만, 그들은 강의실 바깥에서는 절대 아는 척을 하지 않았어. 유럽인인 나에게 그런 인종 분할은 일종의 충격이었지.

어쨌든 사진과 영화를 배울 수 있었던 1년은 나에겐 행운이었지. 인적이 드문 길을 혼자 걷고 황폐한 동네를 찾아다니면서 사진을 찍었어. 흑인 클럽에 가서 재즈를 듣고, 문화적인 풍요로움과 동시에 이방인의 자유로움을 느꼈지. 무엇보다도 외지의 익명성이 주는 편안함에 매료되었어."

세상의 끝에서도 편안함을 느끼는 사람들이 있다. 익숙함보다는 생경함 속에서 자유를 느끼는 사람들 말이다.

"영국으로 돌아와서 당장 돈을 벌어야 했기 때문에 미술도구 상점에 점원으로 취직했어. 어느 날은 나이가 지긋한 남자가 미술도구를 잔뜩 사고서는 계산을 해달라고 했어. 자기 장부가 따로 있다고 해서 이름이 뭐냐고 물었더니 '무어'라고 대답했어. 장부에서 이름을 찾아 적어놓았지. 그 남자가 나간 뒤에 같이 일하던 직원이 묻더군.

"저 남자가 누군지 알았니?"

그래서 '무어 씨!' 그랬더니

"헨리 무어 씨인지 알았단 말야?"

라고 말하더군. 속으로 중얼거렸지. 헨리 무어였군, 헨리 무어….

그곳에서 일하면서 정말 많은 아티스트를 만날 수 있었어. 넥타이를 매고 회사에서 일하는 것이 체질에 맞지 않는다는 것을 아는 데는 긴 시간이 걸리지 않았지."

보헤미안적인 기질을 가진 폴이 영어 교사직을 찾아서 아프리카의 수단으로 떠난 것은 그 다음해였다.

"사막 한가운데에 수돗물도 전기도 없는 곳이라고 했는데, 가보니 정말 그렇더군. 문명과는 완전히 동떨어진 곳이었어. 움막 같은 곳에서 중학생 아이들에게 영어를 가르쳤지."

"사진은?"

"사막의 모래 때문에 사진기가 금방 고장 났어. 가져간 책들도 비닐에 꽁꽁

묶어두었지만 결국 모래가 스며들어 책이 파손될 정도였으니까. 정말 신기한 건, 물이 없는 곳인데도 원주민들은 항상 깨끗했어. 물 한 병을 가지고 씻고 마시며 사는 방법이 기적 같았어. 사진기는 없었지만 머릿속으로 이미지들을 찍는 습관도 나쁘지 않았고.

계약 기간 1년이 지났을 때 런던으로 돌아가서 계약을 1년 연장했지. 그때 가지고 있던 고장 난 사진기들은 싼값에 팔아 버리고 아주 작은 자동카메라를 샀어. 그리고 필름을 몇 통 가지고 다시 수단으로 떠났어. 원주민들의 부탁으로 가족사진이나 단체사진을 찍어주고 나니 필름이 별로 남질 않았지. 그 카메라로 찍은 사진들로 나의 첫 번째 전시회를 열었어.

내가 아프리카에서 배운 교훈은 최소한의 것을 가지고 최대한으로 사는 방법이었던 것 같아. 그 이후에도 몇 년 동안 그 자동카메라를 가지고 사진을 찍었어."

폴의 이야기는 밤을 새워도 지루하지 않다. 그가 꿈꾸는 세계는 퇴폐적인 포만이 아닌 부박한 현실 속에서 영혼의 충만함을 꿈꾸는 예술가의 세계가 아니었을까?

그날 저녁식사 이후 몇 개월이 지나 알프스에서 클레르리즈와 해리를 만났다. 클레르리즈에게서 폴이 바빠서 바캉스를 같이 보낼 수 없었다는 이야길 전해 들었다.

Une autre amante

또 다른 연인

폴의 인생에 비극적인 요소는
사진이라는 한 여인을 마음에 두고
결혼 생활을 지속하는 비운의
남자라는 데 있다. 그 사이에
레일라가 태어났다. 하지만 사진에
마음을 빼앗긴 남자의 부재를
견디지 못한 로라는 다른 남자를
만나 폴을 떠나버렸다. 폴은 로라와
레일라가 떠난 아파트의 반을
암실로 만들어 버렸다.

폴이 도시였다면 어떤 도시였을까? 그를 떠올리면 포르투갈의 포르투Porto라는 도시가 떠오르는 것은 우연이 아니다. 폴이 아프리카에서 다시 런던으로 돌아왔던 시절, 버스 안에서 한 여자에게 반한다. 그녀는 런던의 한 대학에서 저널리즘을 연수하던 개성이 있고 아름다운 파리지앤느였다. 폴은 전날 파티에서 밤을 지새우고 집으로 돌아가는 시내버스 안에서 그녀에게 말을 건넸다. 마치 사진기의 렌즈를 들여다보다가 피사체에 다가가서 셔터를 누르는 것처럼 자연스러웠다. 그녀의 이름은 로라였다.

다음 해에 친구의 르노차를 빌려 로라와 폴은 리스본으로 자동차 여행을 떠난다. 리스본을 향해서 남쪽으로 내려가던 폴은 포르투라는 도시와 사랑에 빠진다. 런던으로 돌아와 포르투의 영어교사 일자리를 구하고, 짐을 싸들고 로라와 포르투에서 정착을 한 것은 그로부터 단 몇 주 뒤였다. 그는 그곳에서 가장 자유롭고 행복한 시간을 보낸다.

"사진을 찍고 주말에는 파티를 열었어. 파티로 밤을 꼬박 새운 다음 날 아침, 눈을 붙이러 가기 전에 먹는 아침식사는 특별한 맛이었지. 내 인생에 가장 행복한 시절이었어. 지금 같이 활동하는 사진작가 친구들을 만난 것도 그 시절이었지."

폴의 인생에서 사랑과 사진이 현실에서 마찰을 일으키지 않고 평화롭게 공존했던 유일한 시기가 아니었을까?

포르투에서 3년을 보냈을 때, 로라는 파리로 돌아가고 싶어 했다. 그녀는 보헤미안적인 자유보다는 안착하고 싶은 욕구가 더 강했던 것이다. 로라를 따라서 파리에 온 것은 폴이 서른 살이 되던 해였다.

"파리는 포르투에서의 생활과 너무 대조적이었지. 처음으로 숨 막히는 생존의 문제와 대면할 수밖에 없었어. 파리의 영어교사 일은 비인간적이고 대우도 아주 나빴어. 그 당시 나의 유일한 낙은 밤에 파리를 돌아다니면 사진을 찍는 일이었어. 헝가리 태생의 사진작가인 브라사이Brassaï가 파리의 밤에 홀려 돌아다닌 것처럼.

사진을 찍으면서 도시를 발견하는 즐거움이 있었지. 로라는 아이를 갖고 싶어 했고, 아이를 갖기 위해서는 안정적인 일이 필요하다는 것을 깨달았어. 로라는 다행히 잡지사의 편집장으로 일을 시작했고, 나도 편집기술을 연수받아 광고회사에 정식으로 취직을 하게 되었지."

폴의 인생에 비극적인 요소는 사진이라는 한 여인을 마음에 두고 결혼 생활을 지속하는 비운의 남자라는 데 있다. 그 사이에 레일라가 태어났다. 하지만 사진에 마음을 빼앗긴 남자의 부재를 견디지 못한 로라는 다른 남자를 만나 폴을 떠나 버렸다. 폴은 로라와 레일라가 떠난 아파트의 반을 암실로 만들어 버렸다.

"그때 로베르 드와노와 카르티에 브레송의 사진 인화를 담당했던 조지 페브르Georges Fevre를 만났어. 세기의 장인이었지. 그가 내 작업에 주었던 용기로 결국 파리에서 첫 전시회를 열 수 있었지."

내가 그린 파리

"파리는 시각적인 풍부함이 있는 도시야. 매일 새로운 모습을
발견할 수 있는 도시지. 만약에 파리가 여자였다면
반드시 사랑하고 말았을 거야. 얼마 전 마레지구를 걷다가
우연히 골목에서 아주 오래된 사진을 파는 가게를 발견했어.
모르는 사람들의 가족사진, 여행사진을 들여다보고 있으면
한두 시간 무심한 즐거움에 빠진다는 거야.
이런 즐거움을 발견하는 곳이 파리야."

보헤미안 랩소디

부드러운 인상을 가진 클레르리즈는 평범한 사십 대 후반의 파리지앤느이다. 그녀는 특별히 치장해서 시선을 끌지는 않지만 파티에서 자연스럽게 이목을 집중받는 부드러운 카리스마가 있다. 고집이 센 것과는 다르게 생각이 분명하고, 부드럽지만 결코 무르지 않고, 모성적이면서도 여성적인 매력을 숨기고 있는….

폴은 파리지앤느 여성을 이렇게 표현한 적이 있다.

"파리지앤느들은 런던 여자들보다 훨씬 세련되었어. 옷을 입는 것도 그렇고, 일에 대한 욕구도 강하고 독립적이지. 그리고 유혹이 뭔지 아는 여자들이야. 남자의 입장에서 보면 매력적인 요소지. 정말 그래. 게다가 모성적인 책임감이 무척 강한 여자들이야. 하지만 이런 완벽한 모델이 되기 위한 스트레스는 엄청난 거라고."

클레르리스는 마흔두 살에 폴을 선택했고, 마흔세 살에 해리를 낳았다. 그리고 마흔 아홉에 다른 사랑을 찾아 그를 떠났다.

폴은 씨트로앵 공원 근처 작업실에 기거하고 있다. 얼굴엔 주름이 더 깊어졌지만 표정은 어두워 보이지 않는다. 그의 작업실은 파리 시에서 예술가들을 위해 싸게 임대해주는 아쉬엘엠HLM이었는데 깨끗하고 전망이 좋았다. 작업실은 폴에게 아파트보다 더 어울리는 공간 같았다. 작업실을 둘러보면서 그의 인생에 남은 것이 뭘까 하는 서글픈 생각이 잠깐 들었다. 내가 벽면에 붙어 있는 사진전 포스트에 시선을 뺏기는 것을 보고 폴이 말했다.

"작년에 세계적으로 유명한 리 프리드렌더Lee Friedlander라는 사진작가를 만난 건 정말 큰 사건이었어. 내가 10년이 넘도록 해온 거리 사진 작업과 꼭 같은 작업을 그 사람이 이미 하고 있었다는 것을 우연히 알게 되었어. 실망과 농시에 기쁨을 느꼈어. 내가 미친놈은 아니었구나. 지금 그의 사진을 보면 예술적으로 한 배에서 태어난 것 같은 동질성을 느껴."

폴이 자기 사진과 리 프리드렌더의 사진을 보여줬다. 반사된 자신의 그림자에 비친 타인의 그림자, 구분할 수 없는 콘셉트였다.

"도시에는 사람이 있고, 혼돈이 있지. 자연 속을 걷는 것과는 전혀 달라. 우리가 일상적으로 걷는 이 거리들, 아무 느낌 없이 그저 매일 스쳐 지나가며 인식조차 할 수 없는 이미지들을 다른 방식으로 보여주는 것은 거리의 시각적인 요소들과 대화하는 것이라고 말할 수 있지. 이런 도시와의 교감의 방식은 개인이 도시의 희생자라는 피해의식에서 벗어나게 해줄 수도 있지."

인생의 의무와 권태라는 굴레에서 벗어날 수 있게 만드는 낙관적인 자세는 사소한 일상과 교감하는 재능에서 나오는 것은 아닐까? 정해진 길을 따라서 시선을 고정하고 걷는 것이 아니라 자유의지를 가지고 삶의 요소와 교감하면서 한눈을 팔면서 걷는 것. 이것이 폴이 갖고 있는 자유인의 모습이라는 생각이 든다.

"파리는 시각적인 풍부함이 있는 도시야. 매일 새로운 모습을 발견할 수 있는 도시지. 만약에 파리가 여자였다면 반드시 사랑하고 말았을 거야. 얼마 전 마레지구를 걷다가 우연히 골목에서 아주 오래된 사진을 파는 가게를 발견했어. 사진작가 주인이 벼룩시장이나 다락방 처분하는 곳마다 찾아다니며 사서 모은 오래된 사진을 파는 곳인데, 모르는 사람들의 가족사진, 여행사진을 들여다보고 있으면 한두 시간 무심한 즐거움에 빠진다는 거야. 이런 즐거움을 발견하는 곳이 파리야."

CHEZ
PAUL

Devenir parisien
CAFE DE FRANCE
Restaurant - Glacier
Nocibé
Cuisine
Italienne

파리지앵이
된다는
것

폴에게 점심을 제안했더니 흔쾌히 따라나섰다. 오후 3시가 넘어서 점심식사를 할 수 있는 곳이 있을지 조금 걱정스러웠다.

"런던에 가면 웨이터들이 남자 손님들은 메이트, 여자 손님들은 러브라고 불러. 너도 알지? 파리에서는 자기 돈을 쓰면서도 죄인 기분이 드는 거. 내가 자주 가는 레스토랑은 조금 달라."

아틀리에 가까운 길모퉁이에 있는 레스토랑. 식사를 하던 웨이트리스가 우리가 들어오는 것을 보고는 발딱 일어나서 메뉴판을 갖다주는 것을 보고 난 깜짝 놀랐다. 파리의 레스토랑에서 신속한 서비스는 금기조항쯤 된다는 생각이 들 때가 있다.

"파리지앵이 된다는 것은 어찌 보면 파리지앵들의 무례함에 대해서 무감각해지는 것이 아닐까? 사실 그들은 개인적인 감정이 있어서 그러는 것이 아니거든. 나도 잘은 모르겠지만 그들은 그냥 그렇게 생겨 먹은 것뿐이라고."

파리지앵들의 돼먹지 않음을 공감하는 사람들이 어디 이방인들뿐이랴.

쇠고기 스테이크와 양파가 들어간 소스는 먹을 만했고, 바삭하게 잘 튀겨진 감자튀김의 맛은 시원한 레프 생맥주의 쌉쌀한 맛과 잘 어울렸다.

"그래. 요즘 기분은 어떠니?"

내가 묻자 폴은 그냥 웃었다.

"사랑을 마다하지는 않겠어. 하지만 더 이상 전통적인 커플의 삶은 사양하겠어. 아마 내가 두 번의 노력과 실패를 겪지 않았다면 영원히 몰랐을 거야. 난 정말 노력했어. 내가 추구하는 예술과 가장으로서 요구되는 역할이 양립할 수 없다는 것을 아는 데 17년이 걸렸지. 클레르리즈가 날 떠나지 않았다면 난 아직도 노력하고 있었을 거야. 슬펐지만 한편으로는 안도의 한숨이 나왔어."

"아이들은 어떠니?"

"금요일 저녁부터 일요일 저녁까지 내가 두 아이들을 데리고 있어. 해리가 며칠 전 이렇게 말하더군. 우와, 아빠 집은 정말 끝내줘. 아빠 알아, 아빠가 정말 괜찮은 아빠라는 거?"

폴은 웃으면서 이야기했다. 이들에게는 진부한 감상을 드러내지 않는 대단한 기술이 있다.

“자유인으로 돌아온 것 같니? 만약 다시 포르투로 떠날 기회가 생긴다면 떠날 수 있겠니?”

“자유인? 글쎄. 아이들이 생기고 나서 난 더 이상 그런 자유는 꿈꾸지 않아. 파리는 이제 내 고향이나 다름없어. 내가 원해서 선택한 것이었든 아니었든 나도 이젠 파리지앵인걸.”

폴의 웃음은 약간 쓸쓸해 보였다.

“네 인생에 후회는 없니?”

“난 한 번도 지름길로 달려 가 본 적이 없어. 목적지를 향해 가면서 돌아가든 천천히 가든 그건 상관하지 않아. 죽기 전에 자신과 근접한 모습을 발견하고 내가 걸어온 길이 잘못된 길이 아니었다고 생각한다면 난 그것으로 만족할 수 있을 거야. 갓난아이였을 때는 아이가 자신과 세상을 구분할 수 없지만 의식이 생기면서 세상을 구별하지. 하지만 결국은 자신이 세상과 연결되어 있으면서 세상의 한 부분이고, 세상이 나의 한 부분이라는 것을 느끼고 배우는 것이 아닐까 생각해.”

점심식사가 끝났을 때는 늦은 오후였다. 에스프레소 한 잔을 마신 뒤, 폴은 사진 가방을 메고 메트로 속으로 사라졌다.

©photo by Paul Muse

만약 행복이라는 단어를 이해하고 싶다면,
행복시 목적이 아니라, 일종의 보상으로 들어야 한다.
—생텍쥐페리

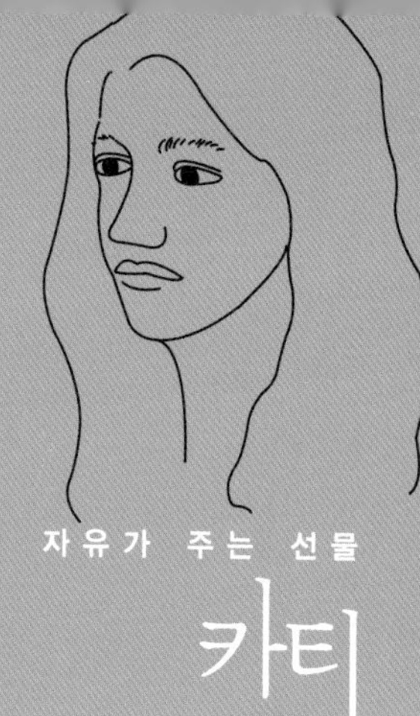

카티

어떤 이야기

남편의 오랜 직장 동료이자 오랜 친구인 카티. 결혼에 경종을 울리는 사람처럼 그녀는
왜 남의 결혼식이나 결혼기념일만 되면 남자랑 헤어지는 걸까? 그녀의 실패한 연애담은
심드렁할 뻔한 우리 결혼기념일 식탁에 풍요로운 이야깃거리를 던져주었다.

Une histoire

"카티가 다시 혼자가 되었대."

결혼기념일 식탁에서 남편이 나에게 불쑥 꺼낸 말이었다. 카티는 남편의 오
랜 직장동료이자 오랜 친구이다. 몇 년 전 나의 결혼식에서 10년 동안 동거
하고 있던 남자친구와 헤어졌다고 말했던 것도 카티였다. 그녀는 우아하고,
아름답고, 날씬하고 영리한데다가 독신이다. 파리는 확실히 가톨릭 신자보
다 독신교 신자가 많다.

"결혼에 경종을 울리는 사람처럼 왜 남의 결혼식이나 결혼기념일만 되면 남
자랑 헤어지는 걸까?"

최근에 카티가 만났던, 아니 방금 헤어졌다고 들은 그 남자는 그녀의 표현에
의하면 '비교적 정상적인 이혼남'이라고 했다. 그런데 언제부터인가 저녁이
되면 자기는 지금 영화관에 들어가니 전화하지 말라는 당부가 잦아들기 시작
했단다.

조금 이상하다는 생각에 카티는 남자에게 전화를 걸었는데, 남자는 휴대폰 벨소리가 울리자 황급히 끈다는 것이 그만 통화버튼을 누르는 실수를 저지르고 말았다. 그래서 다른 여자에게 수작하는 현장음을 본의 아니게 들려주는 대형 사고를 친 것이다.

다음 날 카티는 남자에게 전화를 걸어서 '다 알고 있으니 거두절미하고 그냥 끝내자'고 통고를 하고 관계를 일방적으로 끝내 버렸다.

그런데 양다리는 걸쳤지만 영문도 모른 채 절교선언을 받게 된 남자가 화가 난 이유는 정작 다른 데 있었다. 같이 여행을 가기로 했던 계획에 차질이 생기면서 여행경비를 다 날리게 생겼기 때문이다. 환불받을 수 없다는 사실에 있는 대로 약이 올라 있었다.

'비교적' 정상적이었지만 '어쩔 수 없이' 쫀쫀한 이혼남은 카티에게 정중하게 '여행 경비를 환불해 달라'는 메일을 보냈다. 아마도 그는 이런 경우에 대비해서 여행환불보험을 들지 않은 것을 뼛속 깊이 후회했을 것이다. 그러나 프랑스 재경부의 간부인 카티는 괘심한 생각이 들어 남자회사에 세금조사라도 착수할 태세를 갖췄고, 다행인지 불행인지 쫀쫀한 작자의 주변에서 누군가 그만두라는 충고를 해준 듯, 다음 날 '그냥 없었던 일로 하자'는 메일이 왔고 '비교적' 정상적인 이혼남과의 관계는 그렇게 끝이 났다고 했다.

"도대체 아름답고, 매력이 넘치는 카티는 어째서 그런 멍청이들만 만날까?"
내가 올리브에게 물었다.

"어쩌면 확률적으로 멍청이들이 많기 때문인지도 몰라."
올리브는 농담 치고는 자못 심각한 말투였다. 어쨌든 카티의 실패한 연애담은 심드렁할 뻔한 결혼기념일 식탁에 풍요로운 이야깃거리를 던져주었다.

그 많은 벽걸이 텔레비전은 누가 사는 걸까? 프랑스 사람들의
가전제품 리사이클링은 상상할 수 없을 정도로 철저하다. 집에서
사용하던 노쇠한 가전제품은 시골의 별장이나 메종으로 옮겨진다.
그리고 세월이 지나면 벼룩시장으로 옮겨간다. 제품이 고장 나지
않는 한 로스가 전혀 없는 사이클이다.

16인치 텔레비전

파리의 12구 알리그르 시장 Marche d'Aligre 옆으로 리옹 역 Gare de Lyon이 있고, 알리그르 시장 뒤쪽 파티니 거리에 카티가 사는 아파트가 있다. 삐걱거리는 좁은 철창 엘리베이터를 타고 올라가면 모로코풍의 장식이 있는 제법 큰 거실에서 카티가 문을 열어준다.

카티의 딸 아나엘을 처음 본 것은 재경부 안에 있는 탁아소였다. 프랑스 탁아소 시스템은 세탁기와 식기세척기 이상으로 여성해방에 기여했고, 프랑스 출산율을 높이는 데 기여한 일등 공신이다.

오랜만에 본 아나엘은 깜찍하게 자랐다. 아나엘이 다가와서 볼에 입을 맞췄다. 아나엘의 아빠를 본 적은 없지만 눈매는 날이 갈수록 카티를 닮는 것 같았다.

"마실 거 갖다 줄게."

큼직한 거실 한구석에는 아나엘의 소꿉장난감 같은 소파 앞에 16인치 텔레비전이 놓여 있다. 그 많은 벽걸이 평면 텔레비전은 누가 사는 걸까? 프랑스 사람들의 가전제품 리사이클링은 상상할 수 없을 정도로 철저하다.

집에서 사용하던 노쇠한 가전제품은 시골의 별장이나 메종으로 옮겨진다. 그리고 세월이 지나면 벼룩시장으로 옮겨간다. 제품이 고장 나지 않는 한 로스가 전혀 없는 사이클이다.

petite télévision

"아나엘이 주말에 만화영화 보는 것 말고는 텔레비전 볼 일이 없어. 난 소파에서 텔레비전을 보고 있으면 왠지 비극적이라는 생각이 들더라. 책을 읽든가 아예 영화관에 가서 영화를 보는 편이야."

카티는 컵에 물을 따라주며 말했다. 밍밍한 물맛은 마그네슘이 많이 들어간 미네랄 워터였다.

입맛보다는 건강을 존중하는 사람들은 뭐랄까 좀 독한 사람들이라는 생각이 든다. 게다가 카티는 채식주의자다.

"넌 아직도 술을 한 잔도 안 마시니?"

"반 잔만 마셔도 취하는 걸."

카티는 아름답게 나이가 들었다. 화장을 하지 않은 건강한 얼굴색과 함께 사십 초반의 적당한 주름은 보기가 좋았다. 운동으로 다져진 몸은 탄탄하게 볼륨이 잡혀 있다.

"이상하다. 유럽 사람들은 원래 알코올 분해인자가 많은 편이라고 하던데, 재수가 나쁜 거든지 좋은 거든지 둘 중에 하나겠지?"

"재수가 좋은 거지 뭐."

카티가 살짝 웃으며 말했다. 거실 안쪽의 오디오에서는 마일스 데이비스 Miles Davis의 재즈곡이 흘러나오고 있었다. 아나엘이 공주 옷을 입고 방에서 나왔다.

"엄마, 등의 지퍼 좀 채워줘. 근데 나 배고픈데 과자 하나 먹어도 돼?"

"그러니까 끼니 때 잘 먹어야지. 아무 때나 과자를 먹는 건 나쁜 습관이야. 사과 먹겠다면 줄게."

아나엘은 카티가 씻어준 사과를 물고 자기 방으로 사라졌다.

채식주의자들이나 금연에 성공한 사람들은 자신에 대해서 엄격한 사람들이다. 그리고 대체로 육아는 아이에 대한 엄격함보다 자신에 대한 엄격함에서 효과를 발휘하는 경우가 많다.

"근데 어떻게 하면 채식주의자가 될 수 있는 거니?"

"북경 시장에서 파는 뱀과 가축들을 한번 보라고. 다시 고기를 먹을 수 있으려나. 15년 전 중국 여행을 갔을 때 그 광경을 보고 나선 더 이상 고기를 먹을 수 없게 되었어."

"내가 아는 독일 친구는 스위스에서 아주 구역질나는 담배를 피운 이후로 담배를 끊었어. 담배를 물 때마다 그 담배 맛이 떠올라 피울 수가 없었대. 하지만 나같이 뭐든지 쉽게 잊는 사람들은 중국과 스위스를 아무리 왕복해도 채식주의자나 금연주의자는 되지 못할 거야. 카티 너도 한번 망각을 믿어 봐. 또 아니? 언젠가는 다시 육식주의자로 돌아오게 될지 모른다고."

카티는 이미 채식주의자로 죽을 각오가 되어 있는 순교자 같은 웃음을 지어 보였다.

자유가 주는 선물

파리에서
독신으로
살기

프랑스 여자들에
게 '결혼'은 더 이
상 그들의 미래가
아닌 것 같다. 컴퓨
터 조이스틱을 붙
잡고 모니터와 씨
름하는 수컷이 집
안에서 점점 사치
스럽고 불필요하
다고 생각하는 단
계에 이르렀는지
도 모른다. 인류의
미래가 가사노동의
분담 조건에 달려 있다
고 말할 수는 없겠지만. 마
초란 점점 단종되어 가는 모델
이라는 것만은 틀림없는 사실이다.

25년 전 프랑스에서 여자가 비행조종사가 될 수 있는 방법을 알았다면 카티는 무슨 일이든 했을 것이다. 스물여섯이 되던 해에 비행조종사 연수를 받고 난 뒤 카티는 자신이 근시라는 사실과 꿈을 실현하기엔 너무 늦은 나이라는 것을 알았다.

"자신이 비행기를 조종한다는 것은 '완벽한 독립'을 상징하는 것 아닐까?"

나의 질문에 카티는 고개를 끄덕이며 웃었다.

"네 말이 맞을지도 몰라. 재경부에 들어간 것도 엄마로부터 독립을 하고 싶었기 때문이야. 독립을 하기 위해서는 우선 일이 필요했으니까."

내가 처음 카티를 봤을 때만 해도 아이를 낳아서 기르는 모습은 상상도 할 수 없었다. 독립적이고 자유로운 성향과 자유로움은 모성적인 이미지와 전혀 매치되지 않았다. 프랑스에서 68세대라고 불리는 페미니스트들은 '아이는 내가 원하는 경우, 그것도 내가 원하는 시기에'라고 말했다. 하지만 요즘 프랑스 여자들에게 '아이'는 필수조건이다. 〈사랑은 대체 뭐에 쓰는 거야?A qoui ca sert l'amour?〉라는 에디트 피아프의 노래 제목처럼 불확실한 사랑보다는 '아이'와 '일'에서 확실한 삶의 목적과 동기를 찾는다.

"난 아무리 좋은 조건을 제시해도 저녁 늦게까지 일하는 건 노NO야. 내 인생의 우선순위는 아이야."

카티가 잘라 말했다.

'사생활'과 '야망'은 제로섬 게임이 아닐까? 높은 수입은 높은 책임감을 요구하고, 높은 책임감을 완수하기 위해서는 사생활의 희생이 필연적이다. 어느 사회에도 예외는 없다. 대부분 사람들의 인생모드는 가치의 우선순위로 결정된다. 프랑스적인 삶을 한마디로 요약하면 '높은 수입 대신 적당히 일하고 사생활은 포기하지 않겠어'. '일하기 위해서 사는 것이 아니라, 살기 위해서 일하는 것'이라고 말할 수 있을 것 같다.

여기에 여성들의 직업적인 지위의 상승은 기존의 가족제도를 전복시키기도 한다. 요즘 사회학자들은 프랑스 여자들이 3B에 갇혀 있다고 말한다. 3B란 일 Boulot, 아이 Baby, 빗자루 Balai, 가사노동를 의미한다.

카티가 말했다.

"프랑스 남자들은 말이야, 페미니스트들 덕분에 당연히 여자가 벌어오는 돈을 계산하는 습관에 길들여져 있어. 하지만 불행히도 장을 본다거나 와이셔츠 주름을 펴는 일, 아이들 숙제를 돌봐주는 일은 전혀 계산에 넣지 않는 남자가 많아. 결국 여자들은 상전을 모시고 있는 셈이지. 어느 날 문득 이런 생각을 했어. 어차피 혼자 다 하는데 혼자 살면 어때? 그래서 2년 전 아나엘의 아빠와 헤어지게 된 거야. 지금 우린 반반씩 아이를 맡아서 기르는데, 너 그거 아니? 아나엘의 아빠는 그전보다 훨씬 책임감 있게 아이를 돌봐준다고."

프랑스 여자들에게 '결혼'은 더 이상 그들의 미래가 아닌 것 같다. 컴퓨터 조이스틱을 붙잡고 모니터와 씨름하는 수컷이 집안에서 점점 사치스럽고 불필요하다고 생각하는 단계에 이르렀는지도 모른다. 최근 〈사이콜로지〉라는 잡지의 설문조사에 의하면 프랑스 남자의 31퍼센트가 뜨개질해 본 경험이 있고, 50퍼센트의 남자들이 뜨개질을 배워 보고 싶다고 답변했다. 인류의 미래가 가사노동의 분담 조건에 달려 있다고 말할 수는 없겠지만, 마초란 점점 단종되어 가는 모델이라는 것만은 틀림없는 사실이다.

자유라는 선물

그녀는 자신의 행복을 위해서 누군가에게 기대지 않는다. 그녀는 결혼이라는 제도나 결혼이 주는
환상에 매달리지 않기 때문에 실망감에 빠지지도 않을 것이다. 비혼녀인 카티는
자신의 자유로움을 지킬 것이다. 그 자유로움은 바로 강한 여자만이 누릴 수 있는 선물이다.

프랑스 68세대 페미니스트들은 브래지어를 태웠지만, 그들의 딸은 원더브라를 만들었다고 저널리스트들은 말한다. 21세기 프랑스 여자들은 여성스러움을 과장하는 데 주저하지 않는다. 이제 페미니스트란 결코 자랑스러운 티켓이 아니다. 바지 위로 노출하는 도발적인 T팬티를 보라. 결혼이든 직업이든 숙명적인 항상성을 거부하는 여자들일수록 성에 대해서 개방적인 의식을 갖는 것은 당연한 일이다.

"잠자리에 든 남자와 다음 날 아침식사를 하는데 그 남자가 르펜주의자^{프랑스 극우보수}라면 어쩌겠니?"

충분히 대화를 하고 그 사람을 알기 전에는 섹스를 할 수 없다고 생각하는 카티의 부활절 바캉스는 이런 것이었다.

"튀니지 클럽메드에 온 사람들은 가족 패키지여행이 아니었기 때문에 대부분 독신남녀들이었거든. 난 일주일 동안 푹 쉬면서 운동을 하고 싶었어. 근데 이상하게 그곳에 온 사람들은 낮에는 얼굴을 볼 수 없는 거야. 금방 이유를 알게 되었지. 저녁쯤 방에서 나와 밤새도록 술을 마시면서 여자를 꼬시는 거야. 술은 패키지에 포함되었거든. 일주일 내내 여자를 바꿔서 자러 가는 남자도 봤어. 한둘이 아니었으니까. 술에 취해서 전날 밤 누구와 잤는지 전혀 기억도 못했을 거야. 나중에 클럽에서 남자들이 '봉주르~'하고 말을 붙이면 난 재빨리 '노 섹스!' 이렇게 대답을 했다고."

"아마 섹스도 여행 패키지에 포함되었다고 생각한 모양이지."

유명인, 심지어는 대통령의 섹스스캔들도 개의치 않는 사람들, 마치 뜨거운 피가 파리라는 도시의 상징이라고 생각하는 파리지앵들이지만, 카티는 상대방을 충분히 안다고 생각하기 전까지는 꼼짝도 하지 않는 아미쉬^{Armish} 신도 같은 면이 있다. 신실함은 정신적 만족에만 해당하는 것이 아니기 때문이다. 애인에게 신뢰감을 잃는 순간, 에이즈 검사 결과를 첨부하라고 요구할 수는 없지 않은가? 자유로움을 위해 지불해야 하는 대가는 결코 녹록하지 않을 수도 있다는 이야기다. 자유로운 독신이 되기 위해서는 일단 독신 자체의 생활을 스스로 사랑할 줄 알아야 한다. 카티는 항상 빡빡한 스케줄 때문에 저녁 초대를 하는 것도 쉽지 않다. 전시회와 영화관람, 댄스클럽, 운동, 그리고 매주 금요일 저녁에는 홈리스를 위해서 음식을 나눠주는 자원봉사를 한다.

"어느 날은 한 시간 동안 장대비가 내렸어. 난 꼭 물에 빠진 생쥐 같았어. 방수 앞치마를 입고 수프를 나눠주는데 한 홈리스가 오더니 '이런 멍청한 여자를 봤나, 세상에 더러워서 먹겠니?' 이렇게 욕을 하더라고."

다시 생각이 난 듯 카티는 깔깔대고 웃는다.

"몇 년 동안 이 일을 하다 보면 연대감 같은 것도 생겨. 서글픈 건 늘 똑같은 얼굴을 본다는 것이지."

세상을 위해 조금이나마 보탬을 주기 위해 시작한 일이라고 대수롭지 않게 말했다. 타인을 위해서 보탬을 기울이는 사람들에게서 우울증을 찾아보기 힘든 이유는 뭘까? 자아의 무게에 짓눌릴수록 우울증은 고질병이 된다.

카티가 여행 사진첩을 보여주었다. 앨범만큼 두툼한 사진첩은 여행 사진첩이라기보다는 여행 다큐멘터리 같았다. 여행을 떠나기 전에 이미 여행지의 문화 유적 역사 관련 자료를 발췌한 기록들, 여행지에서 찍은 사진, 하루하루의 여행기는 꼼꼼하고 소중하게 기록되어 있었는데 그 자료의 방대함과 학구적인 사세에 찜찍 놀랐다.

"여름 바캉스의 처음 2주는 아나엘과 같이 키드 클럽이 있는 편안한 곳으

로 여행을 떠나. 아나엘을 아빠에게 보내고 혼자 떠나는 여행은 가능한 멀리
가. 작년 여름엔 폴리네시아의 보라보라에서 스쿠버다이빙을 했어. 바다 깊
숙이 1미터가 넘는 상어들이 모여 있는 곳이 있어. 고요함 그 자체야. 물고기
들이 와서 나를 쳐다보고 있지. 50분 동안 바다 속에서 물고기가 된 기분을
느낄 수 있어. 햇빛이 물속으로 비쳐 들어오고 완벽한 정적과 같이 있는 그
순간, 아무 생각이 없어.”

그녀의 리비아 사막 여행앨범을 펼치는 순간 나도 모르게 탄성이 새어 나왔다.
“부시맨이 살고 있는 나미비아Nambia야. 이곳의 붉은 모래언덕만큼 아름다운
모래언덕은 세상에 없을 거야. 먹을 물과 음식, 침낭만 가지고 사막에 들어
가서 일주일을 살았어. 밤하늘에 별을 보면서 잠이 들고, 문명과 단절된 채
사막에서 일주일 동안 그야말로 생존하고 나서 문명의 세계로 돌아오는 경험
은 일종의 경이로움이야. 그건 마치 무중력의 상태에 있다가 다시 중력의 세
계로 돌아오는 느낌일 것 같아.”

리비아 사막, 히말라야, 우즈베키스탄 여행 사진을 넘기면서 카티가 말했다.
“난 시골에 메종 같은 것을 사서 묶이고 싶지 않아. 경제적인 여유가 있다면
전혀 다른 세계로 떠나서 다른 문명과 문화를 접해 보는 것이 내가 꿈꾸는 즐
거움이야. 아나엘이 조금만 크면 꼭 사막에 데리고 가고 싶어.”

자유로움을 갈구하는 유목민에게 결혼은 메종과 같은 정착을 의미하는 것인
지도 모른다.

“내가 아는 여자가 5년 동안 늘 이렇게 말하는 것을 들었어. ‘남편은 스키 타
는 것을 싫어해서 스키를 탈 수 없어. 남편은 내가 그림 그리는 것도 싫어해.’
그녀는 불평을 늘어놓으면서 아무것도 바꾸지 않고 늙어가고 있었어. 자신

 자유가 주는 선물

의 행복은 누구도 대신 이루어주지 않아. 마찬가지로 자신의 불행 역시 자신이 전적으로 책임을 져야 하지.”

카티의 말을 들으면서 한 여자 친구가 떠올랐다. ‘결혼은 세탁기와 같은 거야. 작동하면 가지고 있고, 고장 나면 내다버리는 거야.’ 라고 자신 있게 말했던 친구는 6년 동안 가동하지 않는 결혼이라는 기계를 AS도 맡기지 않고 그냥 가지고 있다. ‘수리라도 맡겨 보지 그래?’라고 말하면 그녀는 세상에서 가장 불행한 여자의 표정을 지으면서 이렇게 말한다.

“이젠 아무렇지도 않아.”

새로운 세탁기가 선물로 당첨되기 전까지는 AS 기간도 지난 세탁기를 절대 버리지 않을 거라는 걸 안다.

집에 돌아오는 길에 센 강을 바라보면서 카티의 말을 떠올렸다.

“파리는 뭐랄까, 뭐든지 다 할 수 있는 곳이야. 만약에 파리에 사는 사람 중에 누군가가 지루하다고 한다면 지루한 것을 원하기 때문이거나 엄살 때문일 거야.”

파리를 좋아하는 카티. 그녀는 자신의 행복을 위해서 누군가에게 기대지 않는다. 그녀는 결혼이라는 제도나 환상에 매달리지 않기 때문에 실망감에 빠지지도 않을 것이다. 비혼녀, 카티는 자신의 자유로움을 지킬 것이다. 그 자유로움은 바로 강한 여자만이 누릴 수 있는 선물이다.

Air de Paris

춤을 추십시오.
비록 춤출 곳이 당신의 거실밖에 없다 할지라도 말입니다.
―커트 보네거트

카오스와 함께 춤을

다비드

Danse avec le chaos

UMERIA
PASTA
FORMAGGI

SPÉCIALITÉS
Vins et Huile d'O
de TOSCANE
SPIN
SPECIALITA
CHEQUE DE TABLE
Pudlo

영국 신사

영국 신사, 다비드가 파리의 몽토르괴이 거리에 정착한 것은 벌써 30년 전이다. 낯선 도시로의
이주는 젊음이 건 로맨틱한 사랑의 주술이었다.

다비드는 영국 사람이다. 그는 영국 신사의 규범을 보여주기라도 하는 듯 항상 잘 다려진 긴팔 셔츠에 넥타이를 매고 있다. 특별한 약속이 없는 주말에도 문밖을 나설 땐 예외 없이 셔츠와 넥타이 차림이다. 다비드는 평생 한 번도 거르시지 않고 와이셔츠를 입는 나의 부친을 떠오르게 한다.

딸의 결혼식 때문에 처음 프랑스에 오시는 날 부친은 양복을 입고 있었다. 결혼식이 끝나고 가족들과 유로디즈니랜드에 가는 날 아침, 아버님은 양복을 입었다. 나의 만류에도 개의치 않으시고 양복을 입고 앞장을 나섰다. 눈을 씻고 찾아 봐도 그날 디즈니랜드에 양복을 입고 온 사람은 나의 부친뿐이었다.

지금도 서울에서 '아버님 파리에 한번 오세요.'라고 말씀 드리면 반쯤은 건성으로 '글쎄다. 요즘 하는 일이 바빠서…'라고 말씀하신다. 나는 부친이 다른 나라로 여행을 가지 않은 이유가 바로 양복을 벗지 못하기 때문이 아닐까 생각한다. 당신의 상징과 만들어놓은 울타리가 너무 편안하기 때문에 그것을 벗어날 이유를 전혀 못 느끼는 것이라고 짐작할 뿐이다.

얼마 전 짙은 감색 스웨터를 입은 다비드를 보고 깜짝 놀랐다.

"넥타이를 매지 않은 모습은 처음 봐."

다비드는 겸연쩍은 웃음을 지으면서 입고 있던 스웨터의 목을 잠깐 들춰보였다.

카오스와 함께 춤을

"날씨가 어떨지 몰라서, 스웨터 하나 더 입은 것뿐이야."

한 사람의 고집스러운 취향도 세월과 같이 묵혀지면 경건한 의식으로 바뀐다. 영국 신사, 다비드가 파리의 몽토르괴이 거리Rue montorgueil에 정착한 것은 벌써 30년 전이다. 하지만 그의 프랑스어에는 아직도 영국인의 특유의 R발음의 악센트가 섞여 있고, 여성형 명사와 남성형 명사를 종종 혼동하곤 한다. 성인이 된 이후에 배운 외국어란 잘해 봐야 멋진 외투일 뿐이다. 아무도 멋진 외투라도 그것을 입고 잠들진 않는다.

파리 지도 한가운데 행정구역이 시작하는 곳이 레알Les Halles이고, 레알 바로 뒤편에서 람뷔토Rambuteau 거리까지 이어지는 300미터 가량의 거리가 바로 다비드가 사는 몽토르괴이 거리다. 이곳은 명소보다는 허름한 골목, 사람들이 사는 체취가 묻어 있는 장소를 좋아하는 사람들이 반길 만한 곳이다. 보행자 전용 거리 양쪽에 즐비한 재래식 상점들은 도시 한가운데 프로방스적 냄새와 활기를 느끼게 한다.

발자크 고전연극의 무대가 되었던 '호세드 캉칼'이라는 레스토랑도 몽토르괴이 거리 안에 있다. 200년이 넘은 오래된 건물들은 세월에 패이거나 기울어져 직선적인 이미지라곤 찾아볼 수 없다. 사람들의 발자국 소리는 거리 위에 부딪혀 메아리처럼 울리고, 테라스에서 식사하는 사람들의 웅성거리는 소음은 마치 극장의 세트 위에 서있는 착각을 불러일으킨다.

프랑스 대부분의 카페 테라스에 놓여있는 의자들은 거리를 향해 놓여있다. 프랑스 건물 실내 금연법이 통과된 이후 금연인구가 줄어든 것보다 테라스 문화에 양석, 실석 발달에 기여했다는 사실은 의심의 여지가 없다.

파리의 테라스에 앉으면 마치 공연을 관람하는 관객처럼 지나가는 사람들을 쳐다보게 된다. 인종과 개성, 아름다움과 추함까지 섞인 파리. 이곳에 앉은 관객을 안심시키는 것은 다름 아닌 다양함이다.

파리가 뉴욕과 다른 것은 모든 사람이 관객이 되고, 누구나 시선을 받을 수 있는 곳이라는 점이다. 팔십이 넘은 할머니도 그 예외는 아니다. 사람들의 시선이 끊임없이 교차하고, 공감하는 곳, 또 그 시선은 사람들에게 생기를 불어주기도 한다.

맨체스터의 미술학도, 다비드가 동네 꽃집에서 일하던 프랑스 아가씨를 만난 것은 갓 스무 살이 넘었을 때였다. 미셸이라는 프랑스 아가씨는 바캉스 때 니스 바닷가에서 만난 영국 남자와 사랑에 빠져 맨체스터까지 따라온 것이다. 그러나 이 영국 남자는 계절이 바뀌자 옷을 갈아입듯이 그녀를 떠나 버렸다. 미셸은 파리로 돌아가지 않고 다비드가 사는 동네의 꽃집에서 일을 하고 있었다.

잡화상에서 일하던 다비드는 미셸의 일이 끝날 때까지 기다렸다가 집까지 바래다주곤 했는데 그녀는 매일 자기를 떠난 남자를 그리워하며 울었다. 손수건을 주고 달래도 그녀의 눈물은 그치지 않았다. 다비드의 머릿속에는 온통 그녀의 눈물을 멈추게 하고 싶은 생각뿐이었다. 다비드는 그녀에게 결혼을 제안했다. 그 제안은 성공적으로 그녀의 눈물을 멈추게 만들었고 다비드는 미셸의 아파트가 있었던 몽토르괴이 거리에 정착을 하게 되었다.

낯선 도시로의 이주는 젊음이라는 열정이 건 로맨틱한 사랑의 주술이었다. 그러나 불꽃이 연소하고 꺼져버리듯 다비드와 꽃집 프랑스 아가씨 미셸의 사랑은 7년을 넘기지 못했다. 사랑의 증거로 둘 사이에 알렉상드르라는 딸이 태어났다.

 카오스와 함께 춤을

SAUF
AUX RIVERAINS
AUX LIVRAISONS
DE 7H00 A 13H00
ET DE
15H00 A 16H00
L'ESPLANADE St EUS

La passion
et la jalousie

질투라는 열정

화려한 문학적 명성 이외
에도 까마득한 연하의 청년과의 세
기적인 사랑은 마그리트에게 또 다른 명
성을 안겨주었다. 그러나 이런 명성 뒤에 그
녀의 까맣게 탄 질투심이 있었다는 것은 어느
다큐멘터리에도 기록되어 있지 않다. 육십이
넘은 나이에도 피가 역류하고 쾅쾅거리던
그녀의 질투심이 삶의 또 다른 증거였고,
삶에 대한 애착과 열정이 아니었을
까 상상한다.

다비드가 처음 파리에 와서 밥벌이로 시작한 일은 방송 다큐멘터리 일이었다. 맨체스터 예술대학 출신이었던 그는 처제가 일하는 프랑스 과학연구소의 영상분과에서 일을 시작했다.

"디렉터의 비서였던 처제 사무실에서 이력서가 나온 걸 보고, 사람들은 내가 디렉터의 친척이라고 오해를 했어. 프랑스어도 전혀 못했고, 현장 경험도 없었던 난 운 좋게 촬영 프로젝트를 감독하게 되었지."

느닷없는 이런 기회는 로또에 당첨되는 것보다 훨씬 인간적이다. 그리고 이런 엉뚱한 기회는 종종 한 인간의 운명을 바꾸어놓기도 한다. 디렉터의 친척으로 오인받은 다비드는 프랑스 방송계와 영화계의 핵분열이 있었던 80년대의 문화 현장에 카메라를 가지고 뛰어들었고, 그리고 1884년 세계에 위성으로 생중계된 백남준의 〈굿모닝 미스터 오웰〉의 프로젝트에 참가하게 된다.

다비드가 프랑스 정부의 아카데미 기록용으로 〈연인〉의 누벨바그 작가 마그리트 뒤라스marguerite Duras에 관한 다큐멘터리를 만들게 되었던 것은 80년대 초반이었다.

"열다섯 시간 분량이었는데 마그리트 뒤라스와 마지막 여생을 같이 한 네덜란드 청년 얀 스타이너도 현장에 있었지. 지금도 그때 생각을 하면 마치 영화의 한 장면 같아. 다큐멘터리의 주제는 '누벨바그가 어떻게 프랑스의 영화산업을 죽였는가?' 였어.

마그리트는 나를 '아빠아이'라고 불렀어. 어린 나이에 아이를 가진 걸 놀려대는 별명이었지. 당시만 해도 젊고 아름다운 파리지앤느들이 방송 일을 배우려고 아주 싼 일당을 받는 현장 허드렛일을 위해 줄을 섰던 시절이었어. 그때 네 명의 젊고 아름다운 아가씨들을 고용했는데, 그 가운데 한 아가씨와 뒤라스의 젊은 애인인 얀 스타이너가 가끔 바깥에 나가서 잡담을 하면서 담배를 피우곤 했거든.

뒤라스는 인터뷰에 집중을 할 수 없었던 거야. 어느 날 그는 나에게 이렇게 명령을 내렸어. "저 여자애들에게 무슨 일이든 시켜…. 하다못해 청소라도 시키라고!"

네 명의 아가씨들은 갑자기 촬영 현장에서 유리창과 바닥 닦는 일을 하게 되었어. 늙은 여자의 질투심을 누가 상상이나 할 수 있었겠어? 정말 그건 아무도 말릴 수 없었다고…."

화려한 문학적 명성 이외에도 까마득한 연하의 청년과의 세기적인 사랑은 마그리트에게 또 다른 명성을 안겨주었다. 그러나 이런 명성 뒤에 그녀의 까맣게 탄 질투심이 있었다는 것은 어느 다큐멘터리에도 기록되어 있지 않다. 육십이 넘은 나이에도 피가 역류하고 쾅쾅거리던 그녀의 질투심이 삶의 또 다른 증거였고, 삶에 대한 애착과 열정이 아니었을까 상상한다.

1996년 3월, 마그리트 뒤라스는 얀 안드레아 스타이너의 품에서 영원히 눈을 감는다.

 카오스와 함께 춤을

어머니의 장례식

"정말 신기한 일이 있었어. 어머님께서 돌아가신 뒤 집에 있는 가전제품들이 줄줄이
고장 나기 시작하더라고. 그런데 더 기막힌 일은 어머님의 유물 리스트였어.
어머님은 종이 한 장에 나에게 남겨주실 유물 리스트를 적어 놓으셨거든. 그런데 거기엔
아직 살아 계신 아버님께서 사용하시는 시계 같은 물건들이 적혀 있었지.
남편한테 빨리 따라오라는 숨은 뜻이 있었던 건 아닐까?"

다비드가 맨체스터에 사는 모친의 소식을 전해주었다.

"희귀한 암에 걸리셨어. 오래 사시지 못할 것 같아."

다비드의 동생은 최근 직업과 가정을 팽개치고 어머니 집의 집사로 전업을 했다고 했다. 영국 영화에 등장하는 큰 저택의 집사처럼 동생은 간호사를 배치하고, 새벽에 일어나서 구석구석 반들거리게 청소를 하고, 집에서는 하루 종일 케이크를 굽는 냄새가 난다고 한다. 다비드가 맨체스터까지 병문안을 가면 집 근처의 호텔에 머물면서 동생의 면회허가 전화를 기다려야 했다.

"오후 두 시부터 두 시 반 사이에 들러줘. 그때가 그분이 가장 덜 피곤하신 시간이야."

다비드의 모친은 성격이 괴팍해서 옛날부터 동네 사람들과 다툼이 많았는데, 동생은 그 어머니를 대신해 마치 유언장처럼 화해편지를 작성해 다른 형제의 승인을 받은 다음 이웃에게 전달했다고 하는데 그 숫자가 150명에 달했다고 한다. 얼마 후 이웃들로부터 50개가 넘는 화해의 화환이 전달되었다. 다비드는 웃음을 지으면서 말했다.

La funérailles de ma mère

"아무리 기발한 영국문학에서도 이렇게 우스꽝스러운 일은 찾아볼 수가 없다고."

이런 이야기를 주고받은 지 며칠 뒤에 다비드의 어머니는 병이 악화되어 세상을 떠나셨다.

"정말 신기한 일이 있었어. 물론 장례식 때문에 갑자기 많은 손님을 치르느라 기계가 무리한 탓이라고도 말할 수 있겠지만, 어머님께서 돌아가신 뒤 집에 있는 가전제품들이 줄줄이 고장 나기 시작하더라고.

"마치 평소에 아끼고 즐겨 쓰던 물건들을 저승에 가져가듯이 말이지?"

"그런데 더 기막힌 일은 어머님의 유물 리스트였어. 어머님은 종이 한 장에 나에게 남겨주실 유물 리스트를 적어 놓으셨거든. 그런데 거기엔 아직 살아 계신 아버님께서 사용하시는 시계 같은 물건들이 적혀 있었다고…. 남편한테 빨리 따라오라는 숨은 뜻이 있었던 건 아닐까?"

저승으로 가시면서 사용하던 집안의 가전제품은 물론 남편까지 챙겨가고 싶어 한 소유욕과 통치력이 강한 맨체스터의 고인을 생각하니 웃음이 나왔다. 경망스럽게도.

Coiffeur

"궁금한 게 있어. 어떻게 몇 년 동안 집수리를 할 수 있는 거지?
나 같으면 말이야, 다 부수고 한꺼번에 싹 새로 지을 텐데…"
"집 고치는 일을 좋아하기 때문이지. 그건 일종의 열정이라고.
예를 들면 사랑 같은 거야. 사랑하는 것도 과정이 좋은 거지.
반드시 완성을 위해서 하는 것은 아니잖아?"

집수리의 기술

두 아이의 엄마이자, 다비드의 두 번째 아내인 뮤리엘에게는 야생적인 이탈리아 아낙네 같은 아름다움이 있다. 몽토르괴이 거리의 대모인 그녀에게는 숨기고 싶은 과거가 있는데, 그것은 다름 아닌 바로 미스 마르세유 출신이라는 사실.

어느 날 다비드는 사진더미 속에서 우연히 숨겨진 아내의 과거를 발견한 것이다.

"절대로 뮤리엘이 미스 마르세유 출신이라는 걸 아는 척해서는 안 돼. 그건 일급비밀이야."

젊은 시절의 치기가 부끄러운 게 어디 뮤리얼뿐이겠는가? 하지만 미인대회에 참가한 사건은 쉽게 증거인멸이 될 수 없는, 사람에 따라서는 영광보다는 치욕이 될 수 있다는 사실에 어렴풋이 공감할 수도 있을 것 같다.

 가오스와 함께 춤을

그녀에게는 괴벽이 있는데, 책을 한 번 읽기 시작하면 방문을 걸어 잠그고 책을 다 읽을 때까지 문밖으로 나오지 않는다는 것이다. 난독증인 뮤리엘이 세상에서 유일하게 집중할 수 있는 일은 아이러니하게도 오로지 '책 읽는 일' 뿐이다. 뮤리엘의 산만함은 병적인 것인데, 천장에 페인트칠을 하다가 그만두고 갑자기 세면대를 뜯어고치기 시작하고, 세면대를 뜯어 놓고 갑자기 아들 방의 책상을 옮기는 식이다. 그런 이유로 다비드의 집은 항상 카오스라고 한다.

"우리 집은 블랙홀이야. 어떤 물건도 일단 들어가면 다시는 찾을 수 없다고. 그래서 여권같이 중요한 서류들은 항상 가방에 넣어서 사무실에 보관해야 해."

영국 신사 다비드는 언제라도 여행을 떠날 사람처럼 커다란 짐 가방을 곁에 두고 일을 한다. 물론 그 여행 가방 안에는 아름다운 아내 뮤리엘의 사진액자도 들어 있다.

한겨울 노르망디에 있는 그의 시골집에 초대받은 적이 있었다. 그때 내가 본 광경은 이러했다. 시골집 지붕은 폭풍에 반쯤 날아가서 수리 중이었고, 거실 바닥엔 무수한 맥주 캔들이 널려 있었다.

"우리 집을 지키는 수위가 마시고 버린 캔이야."

얼핏 수위라는 말이 이해되질 않았다. 집안은 이미 도둑을 맞아도 몇 번은 맞은 집 같았다. 그날 점심 메뉴는 닭 오븐구이었다. 그런데 고장 난 오븐 속에 들어간 닭은 두 시간이 지나도 익지 않았다. 정작 나에게 놀라웠던 사실은 두 시간 동안 아무런 조치를 하지 않고 기다릴 수 있는 다비드의 느긋함이었다. 결국 나의 성화로 벽난로에 불을 지펴 닭을 굽게 되었다. 다비드에게 물었다.

"궁금한 게 있어. 어떻게 몇 년 동안 집수리를 할 수 있는 거지? 나 같으면 말이야, 다 부수고 한꺼번에 싹 새로 지을 텐데…."

"집 고치는 일을 좋아하기 때문이지. 그건 일종의 열정이라고. 예를 들면 사랑 같은 거야. 사랑하는 것도 과정이 좋은 거지. 반드시 완성을 위해서 하는 것은 아니잖아?"

벽난로에서 구워진 닭을 먹으면서 집수리나 사랑이 아무 뜨거운 열정이라도 일단은 난장판인 상태, 즉 카오스와 함께 사는 기술이 있어야 하는 것이 아닐까 생각했다. 하지만 대부분의 프랑스 사람들은 불도저로 밀지 않고, 늘 조금씩 집을 고치는 열정을 가지고 있다. 모든 걸 순간적으로 해치워야 직성이 풀리는, 철거문화에 익숙한 나 같은 사람에게는 무척 존경스러운 점이 아닐 수 없다.

여행 가방을 든 남자
커다란 여행 가방이 곁을 떠나지 않는 다비드, 그러나 이방인에게는
더 이상 돌아갈 수 있는 고향이 존재하지 않는다.

homme avec
une valise

다비드를 처음 만난 것은 2000년 유럽에서 초미의 관심사였던 한국의 통일 문제에 관한 다큐멘터리 제작 때문이었다. 프랑스와 독일 합작 문화예술 텔레비전 채널인 아르테 방송의 〈테마의 밤〉이라는 프로그램에서 '한국의 밤' 프로젝트를 제의하기 위해서 유능한 감독을 찾다가, 우연히 아는 사람을 통해서 그레이스 켈리의 다큐멘터리를 만든 다비드를 소개받았다. 당시 〈테마의 밤〉 편성국장은 한국전쟁에 참전했던 노장이었는데, 정년퇴직을 앞두고 마지막으로 '한국의 밤'의 제작 지원을 결정했다.

한국에 관한 다큐멘터리를 만드는 동안 난 어쩔 수 없는 한국 사람이었다. 마치 집에 초대한 손님에게 잡동사니가 쏟아지는 벽장문을 억지로 닫고 말끔한 이미지를 보여 주고 있는 심정이 아니었을까?

당시 햇빛정책을 소개하면서 김대중 전 대통령을 인터뷰하고 생가를 담기 위해서 하의도를 간 적이 있었다. 산 넘고 물 건너 생가에 도착했을 때, 난 그만 아연실색했다. 낡은 생가 옆에 새로 절간 같은 집이 지어지고 있었다. 창피한 과거를 날조하는 현장을 들킨 것이다. 생가는 낡았지만 시간과 역사, 그리고 진실이 있었다. 반짝이는 기와와 반듯한 나무로 지어지고 있던 생가는 그저 세트였다. 새마을 운동이 벌어지고 있는 현장, 결국 우리는 생가를 찍지 않았다.

다비드는 〈폭력〉, 미국의 〈FBI〉의 역사에 관한 다큐멘터리로 프랑스 언론의 주목을 받았다. 친구들은 그에게 제임스 본드라는 별명을 붙여주었다.

"정치 다큐멘터리를 만드는 기쁨은 역사 현장에서 그것을 고스란히 담는 일만으로도 세상을 움직일 수 있다는 착각 때문이 아닐까 생각하곤 해."

파리 시내가 한눈에 보이는 바스티유의 라디오 노바 방송국 옥상에서 담배 연기를 내뿜으며 다비드가 이렇게 말한 적이 있었다.

"내 인생이 성공했냐고 누가 묻는다면 이렇게 대답할 거야. 내 아이들은 자기 주관이 있고, 자유롭고 또한 자유로운 선택을 할 수 있는 용기가 있다고. 난 그것만 가지고도 반쯤은 성공한 인생이라고 말할 수 있다고 말이야."

커다란 여행 가방이 곁을 떠나지 않는 다비드. 그러나 이방인에게는 더 이상 돌아갈 수 있는 고향이 존재하지 않는다.

〈한국의 밤〉이라는 다큐멘터리는 나에게 초라한 저작권 수입을 가져다주었다. 하지만 동시에 서로의 인생에 귀를 기울여주는 영국인 신사 친구를 얻게 되었다.

SAUF VÉLOS

tandem
BISTRO VINS
BA
836 E

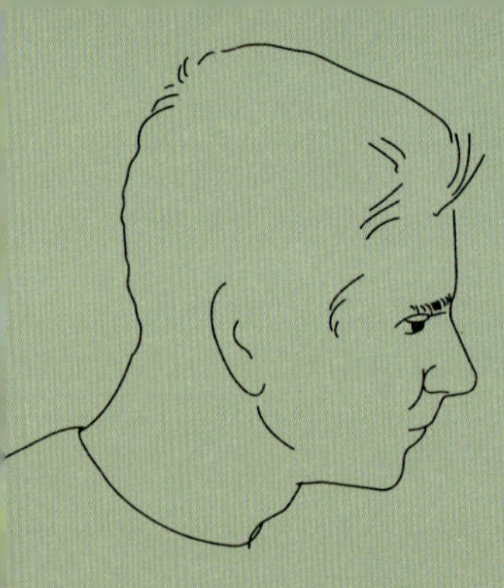

겉장이 파란 노트 한 권, 연필 두 자루 그리고
연필깎이와 대리석 테이블들, 이른 아침의 향기
맺힌 땀, 그것을 닦기 위한 손수건 한 장, 그리고 행운,
이것이 내가 필요로 하는 모든 것들이었다.
–어니스트 헤밍웨이, 파리에서 보낸 7년 중에서

필립

se avec passion

métro-boulot-expo-apéro-
resto-disco-dodo

필립은 앞만 보고 달리진 않는다. 열정은 그를 달리게 하지만,
자기 쉼표를 정확히 찍을 수 있는 사람이다.
필립의 삶에는 후회보다는 기회가
더 많았고, 그것은 앞으로도 크게 다르지 않을 것이다.

세월에 덧칠된 기억에서 또렷하게 한 사람의 첫인상을 가려내는 건 쉽지 않
다. 필립은 달랐다. 잿빛머리의 앞가르마 때문에 머리는 쭈뼛이 세워져 있었
고, 나이를 알 수 없는 얼굴은 만화의 주인공, 틴틴 같았다. 바바리코트를 입
고 분주하게 사건을 해결하는 틴틴처럼 그는 항상 바빴다. 식당에서 그가 식
사하는 모습을 유심히 본 적이 있었는데, 아주 신속하고 효과적으로 해치우
고 있다는 생각이 들었다.

프랑스 사람들은 와인을 마실 때, 포도주 잔을 천천히 흔들며 색깔을 보고,
향기를 맡고, 한 모금 넣고 오글거린다고? 필립이 포도주를 마실 땐 정말 '꿀
꺽꿀꺽'과 흡사한 소리가 들렸다. 그는 빠른 속도로 이야길 하지만 발음은 무
척 정확한 편이었고, 중요한 주제에는 말을 하면서도 꼭 밑줄을 그어서 또박
또박 이야기하는 습관이 있었다.

 열정이라는 연료로 달리기

어느 날은 길거리의 포스터에서 머리에 신발을 올려놓은 필립을 본 적도 있었다. 파리에 와서 처음 사귄 친구가 필립이었다. 필립은 올리브의 가장 오래된 친구다.

새벽 한 시에 온수통 밑으로 물이 새는 걸 발견하지 못했다면, 아침에 거실의 나무 바닥을 뜯어내는 사태가 발생했을 것이다. 그 시간에 집 안을 배회한 것도 천만다행이었다. 맞다. 누구나 최악의 상황으로 현실을 위안하는 본능이 있다. 나는 온수통의 틈이 벌어져 아파트가 물에 잠기는 악몽을 꾸다가 일어났다.

올리브는 월차를 내서 배관공을 찾았다. 파리에는 사기꾼 배관공이 많으니 보험회사에서 소개해주는 배관공에게 전화를 걸자는 것이 그의 생각이었다. 나는 한국교민사이트에 들어가서 배관공 검색어를 두들기고 있었다. 올리브는 보험회사의 통화 대기음을 아예 스피커폰으로 바꾸어 놓고 있었다. 수화기에서는 수잔 베가Suzanne Vega의 〈루카〉라는 노래가 흘러나오고 있었다. 이십 분 동안 반복되는 노래를 듣고 있다 보니 수잔 베가의 목소리에 신경이 몹시 날카로워졌다. 아무리 근사한 존 콜트레인이나 찰리 헤이든 곡이라도 프랑스 보험회사의 통화대기 곡으로 쓰이면 그때는 끝장이다.

통화대기 곡을 듣다가 겨우 담당자와 연결이 되었는데 전화가 그냥 끊겼다. 그것도 두 번이나⋯. 올리브는 보험회사로 달려갔다. 온수통에 물이 새는데 왜 보험회사로 달려가는지, 나도 답답했다. 올리브가 전화번호를 가지고 집으로 돌아와서 보험회사에서 추천해준 배관공에게 전화를 걸었는데, 집을 방문해서 온수통의 문제를 진단해주는 데 80유로를 받는다고 했다. SOS의사 출장 진료비의 두 배다. 진료비는 환불이 되지만 배관공의 출장비는 환불도

되지 않는다. 게다가 의사들은 총알같이 달려오지만 파리의 배관공은 언제 올지 아무도 모른다. 건축설계사인 시아버지가 전화를 하셨기에 자초지종을 설명했더니 이렇게 말씀하셨다.

"내 생각에는 폴란드에서 배관을 부르는 것이 더 빠를 것 같다."

온수통이 새기 시작한 지 스무 시간이 지났지만 사태는 진전된 것이 없었다. 모든 밸브를 잠가 놓았지만 여전히 물은 흥건했다. 난 한 친구의 소개로 조선족 배관공을 찾는 데 성공했다. 하지만 그분도 약속이 밀려 당장 올 수 없다고 했다.

평화로운 일상을 전복하는 건 늘 자신의 의지와 상관없는 사고다. 다행히 온수통이었으니까 망정이지 뇌의 혈관이 터졌으면 큰일 날 뻔했다고 가정해 본다. 하지만 배관공은 하염없이 기다려야 하고 물이 줄줄 새고 있는 답답한 상황이 지속되다간 뇌의 혈관도 장담할 수 없다.

몽마르트르 언덕 근처 필립이 사는 콩도르세Condorcet 거리까지 가려면 메트로에서 내려 오르막길을 올라가야 한다. 파리의 아파트 가격은 지난 10년 동안 몽마르트르 언덕의 경사보다 더 가파르게 올랐다. 저소득층은 파리 바깥으로 점점 밀려나고, 유로화 통합 이후 인플레이션은 소비의 양극화 현상을 만들었다.

필립이 사는 몽마르트르 근처의 콩도르세 거리 역시 예전에는 서민들이 살았지만, 그들은 외곽으로 밀려나고 요즘은 파리지앵 보보프티 부르주아들이 자리를 꿰차고 있다. 간간이 남아 있는 열쇠가게, 헌책방 같은 상점들을 보면 나도 모르게 화들짝 반가움이 느껴진다.

"우리 시대에는 말야, 아이들이 어떤 직업을 갖든 배관 교육은 꼭 시켜야

 열정이라는 연료로 달리기

해.”

필립이 냉장고에서 음료수를 꺼내주며 말했다. 파리에서는 신은커녕 배관공 조차 찾을 수 없다는 우디 알렌의 명언이 떠오른다. 나도 필립과 전적으로 같은 생각이다. 파리에 적응하고 살려면 우렁각시가 되는 수밖엔 없다.

프랑스 남자들은 망치질보다 투덜거리는 데 소질 있다는 생각이 편견이라는 것을 일깨워준 친구가 필립이다. 몇 년 전 보르도에 있는 그의 시골집에 갔을 때 번듯한 집을 지은 사람이 필립과 필립의 아버지였다는 사실을 이야기해 주었을 때 내 귀를 의심할 수밖에 없었다. 그건 최고의 인기 마술사 데이비드 카퍼필드가 만리장성을 옮겨 놓은 것보다 더 기적처럼 느껴졌다. 내 눈으로 만리장성을 본 적은 없지만 필립이 지은 집은 바로 내 눈앞에 있었고, 필립과 그의 아버지의 직업을 탈탈 털어 봤자 회사원, 간호사, 디자이너밖에는 나오지 않았기 때문이다.

“어떻게 하면 ‘집’을 지을 수 있지?”

필립이 대답했다.

“《집을 어떻게 짓는가》라는 책을 샀어. 그리고 집을 지었어.”

그의 대답은 단순했지만 그 속에는 심오한 답이 있는 것처럼 들렸다. 누구든 그랬을 것이다.

내가 필립을 처음 만난 곳은 파리의 국립 아틀리에였다. 디자인을 전공했기

나 실전에서 일을 하던 디자이너가 대부분이었던 그곳에서 유일하게 프랑스 텔레콤에서 연수를 나온 친구가 필립이었다. 이 친구의 프로젝트는 요즘 징수 고지서를 가독성이 있게 만드는 것이었는데, 2년 동안 쟁쟁한 실력파 교수들에게 디자인을 사사받은 뒤에 회사로 돌아가지 않고 독립 회사를 차려 독립을 했다.

대학입학 자격시험에 두 번이나 떨어져 대학교 문턱에도 가 보지 못한 필립, 이제는 큰 회사의 디자인 자문부터 어디에 명함을 내밀어도 빠지지 않는 작업으로 포트폴리오가 꽉 차 있다.

필립은 디자인 전공생들의 틈에 끼어서 재능이 있는지를 고민하느라 시간을 보내지 않았다. 열정을 가지고 빠른 속도로 경험을 축적했던 것이다. 열정도 재능의 범주에 속한다.

"너 놀이공원에 물오리낚시 알지? 수많은 플라스틱 오리들이 둥글게 물을 따라 돌아가고 있잖아. 낚싯대를 들고 하나만 조준하다가는 건질 수가 없어. 하나를 보면서 동시에 여러 개를 보고 있어야 해. 네가 마음에 둔 오리가 불가능하다고 판단되는 순간, 잽싸게 그 옆의 오리를 끌어올려야 해."

다른 사람들이 주저하는 시간이면 필립은 시행착오를 여러 번 거치고 자신의 결정을 수정할 수도 있는 사람이다.

   열정이라는 연료로 달리기

KALASH
KALASH
MENU
De 19h à 21h
Happy Hour :
Les Bières   3.50
Les Cocktails 3.50
Demandez nos apéritifs
KRISSMANN
MONOPOLE

와인 논쟁

지금 세계 와인 시장은 미인대회를 하고 있는 거라고.
대회 주최는 미국의 로버트 몬다비 같은 대형 와인 제조회사이고,
심사위원장은 미국의 양조학자 로버트 파커와 프랑스의 미셀 롤랑 같은 작자들이지.
그리고 와인 제조업자들은 미인대회에 와인을 내보내기 위해서 그들의 선별기준에
맞추려고 열심히 성형수술을 하고 있는 거야. 성형수술을 하는 순간,
영혼의 아름다움은 잃어 버리는 거라고.

보르도 출신 필립은 열아홉에 만난 프랑스와즈와 스물한 살에 결혼했다. 페르난도 보테로Fernando Botero의 그림 속에 몸집이 풍성한 여인 같은 인상인 프랑스와즈. 일 그램도 살이 찌는 것을 허용하지 않고 하루도 빠짐없이 조깅을 하는 필립, 혹시 아내에게 간접적인 다이어트 종용의 메시지를 보내고 있는 것이 아닐까 생각해 본 적도 있었다. 하지만 프랑스와즈는 '대체 왜 현대사회는 여자가 살찌는 것을 참지 못하는 거지?'라는 무언의 항의처럼 똑같은 자태를 10년 넘게 유지하고 있다.

프랑스와즈가 웃을 땐 발그레한 뺨에 투명한 얼굴 양쪽으로 보조개가 잡힌다. 말수가 별로 없고 잘 웃는 편이지만, 길거리에서 누가 개똥을 치우지 않다가 그녀에게 걸리면 입심으로는 절대로 이길 도리가 없다. 왜냐하면 그녀는 상대가 개똥을 치울 때까지 언성을 높이지 않고 원칙을 정확하게 반복할 것이기 때문이다. 프랑스와즈는 프랑스 사람들이 경찰보다 무서워하는 세금 징수 공무원이다.

필립의 거실엔 프랑스와즈의 남자 동료가 와 있었다. 그는 자기 이름을 소개하면서 테타르올챙이와 비슷한 발음이라고 말했는데, 정확히 그 순간부터 그의 실명을 까먹어 버렸다. 곱슬머리에 안경을 쓴 그 친구는 자신이 '올챙이'라고 불리는 것에 익숙한 탓이었는지 저녁 내내 싱글벙글 웃고 있었다.

파리의 저녁 초대에 가면 이런 작자를 한 명씩 만나게 된다. 굉장히 많은 이야기를 하는데 자신의 이야기는 별로 없고 일반적인 가십거리를 지치지 않고 자기 생각인 양 떠드는 수다스럽고 개성 없는 친구, 그래서 돌아서면 이름을 정말 완벽하게 까먹게 되는….

아페리티프를 마시면서 올챙이는 꽤나 심각한 표정으로 이렇게 말했다.

"프랑스에는 말야, 똑똑한 여자들이 병원 의사 자리를 다 차지하고 나서 출산 휴가를 가기 때문에 일손이 모자라는 것이 정말 문제야."

"인력을 충당하지 못하는 사회시스템의 문제점을 지적하는 거니? 아니면 여의사들이 왜 해괴하게 아이를 낳느냐는 문제를 지적하는 거니?"

라고 물었더니 슬그머니 지단과 시덥지 않은 축구 농담으로 넘어갔다.

저녁식사 테이블의 자리를 배치하는데 올챙이는 나와 프랑스와즈 사이에 냉큼 끼어 앉았다. 프랑스와즈가 연어로 만든 떼린은 생선살이 파슬리와 섞인 크리스마스 만찬급이었다. 올챙이는 화이트 와인을 마시지 않는다고 선포했다가 다른 사람들이 부르고뉴 산 화이트 와인에 감탄하는 것을 보더니 부랴부랴 따라 마시기 시작했다. 맛있는 부르고뉴 산 화이트 와인은 화장하지 않은 맨 얼굴의 미인 같은 품위가 있다.

저녁 식사 동안 올챙이는 직장 동료인 프랑스와즈에게 부드러운 눈길과 과장된 손길을 주었는데, 단순한 친근함이었는지 흠모의 감정인지는 구별할 수 없으나 나는 맞은편에 앉은 필립의 눈치를 보면서 좌불안석이 되었다. 필립은 '아내가 행복하면 난 그런 것쯤은 상관하지 않아'하는 여유 있는 웃음을 짓고 있었다. 프랑스와즈의 얼굴은 저녁 내내 장미꽃처럼 활짝 피었다.

올챙이면 어떻고 얼간이면 어떤가, 타인의 애정 어린 시선을 통해서 새롭게 태어나는 것이 인간이 아니더냐.

와인 잔은 비워지고 다시 채워졌다. 필립의 저녁 식탁에는 보르도에 사는 처남이 만드는 샤토 아르노가 빠지지 않는다. 산뜻하고 부드러운 맛에 어느 음식과도 잘 어울리는 까다롭지 않은 보르도 와인인데, 출시와 동시에 와인 박람회에서 금메달을 받는 바람에 30만 병이 그 다음 날로 도매 배급자들에 팔려 우리 같은 소량 구입자들은 한 해를 공치게 되었다.

필립이 말했다.

"과잉 생산된 보르도의 저가 와인은 시장에서 칠레 산, 캘리포니아 산 와인과의 경쟁에서 완전히 잠식당했어. 정말 걱정스러운 일이야."

나는 보르도 와인이 팔리지 않는다는 사실이 믿기지 않았다. 역사가 없는 칠레산 와인은 프랑켄슈타인이나 다름없다고 올챙이가 말하자 필립이 약간 흥분했다.

"프랑스 와인 전문가들이 와인의 몸은 어떻고, 엉덩이가 어떻고 하며 입에 넣고 가글가글하고 있는 동안, 네 말대로 역사가 없는 칠레산 와인을 사람들이 마셔 보니 맛이 있다는 거 아니니. 와인 전문가들의 고상한 스노비즘은 고급 와인을 신격화시키는 데는 성공했지만, 보르도 저가 와인은 다른 시장에 뺏기고 말았어.

와인은 맛의 즐거움이야. 와인 다큐멘터리 영화 〈몬도비노 Mondovino〉를 만든 감독이 인터뷰에서 이런 말을 하지. '감자와 와인의 차이가 뭔 줄 아세요? 감자도 맛있지만, 감자에는 와인처럼 끝없이 그 맛을 표현하는 형용사가 부족하다는 것이죠.' 나는 몇 십 년 전부터 마니 교주 같은 와인 양조학자들의 그 고상한 언어유희에 아주 신물이 나."

올챙이가 말했다.

"난 절대 동의할 수 없어. 전문 와인 양조학자들이 추천하는 와인은 마치 여행지로 떠나기 전에 읽는 가이드북 같은 거라고. 여행지에 가서 고생하든 미리 알고 떠나든 그건 자유지만 말야."

그때 프랑스와즈가 말했다.

"우리 집에 오는 파스칼이란 친구가 있어. 그 친구는 재주가 좋게 어디서 2, 3유로짜리 와인을 찾아서 사가지고 오는데 기막힌 맛이야. 와인의 맛과 가격이 반드시 비례하는 것은 아니야."

필립이 다시 격앙된 어조로 말했다.

"지금 와인 양조학자들은 맛의 기준을 정해서 와인 시장과 사람들의 입맛을 포맷하고 있어. 도대체 맛이라는 것에 어떻게 기준을 정할 수 있는 거지? 넌 이유 없이 어떤 여자에게 끌린 적이 없니? 맛이나 아름다움, 그 둘은 같은 거야. 지금 세계 와인 시장은 미인대회를 하고 있는 거라고. 대회 주최는 미국의 '로버트 몬다비Robert Mondavi' 같은 대형 와인 제조회사이고, 심사위원장은 미국의 양조학자 로버트 파커와 프랑스의 미셸 롤랑 같은 작자들이지. 그리고 와인 제조업자들은 미인대회에 와인을 내보내기 위해서 그들의 선별기준에 맞추려고 열심히 성형수술을 하고 있는 거야. 성형수술을 하는 순간, 영혼의 아름다움은 잃어 버리는 거라고.

미인대회에서 상을 받은 와인들은 엄청난 가격에 팔려나가지. 로버트 파커에게 극찬을 받으면서 유명해진 핑구스Pingus라는 와인이 있어. 멕시코에서는 10유로에 살 수 있는 와인이 여기서는 950유로에 팔려. 더 심각한 문제는 대형 와인제조업자들이 와인의 맛을 획일화시킨다는 것이야. 보르도의 포므롤에 있는 미셸 롤랑의 와인 연구소는 그야말로 화학실이야. 와인은 상품이 아니야. 그것은 인간의 손과 자연이 빚어낸 맛이라고."

외국인들이 프랑스의 화장실의 물 내리는 다양한 방식에 얼마나 혼란스러워 하는가? 프랑스에는 왜 천 가지의 치즈가 존재하는가? 아니다. 왜 자신들의 국왕을 단두대로 보냈는지를 생각하면 맛의 규격화에 반대하는 필립의 생각은 지극히 프랑스적이다.

인간의 행동과 문화를 마크와 상품으로 바꿔놓는 사회에서, 한 잔의 와인에도 다양한 문화적 가치를 부여하고자 하는 이들의 장인정신은 승산 있는 저항일까? 레지스탕스의 존재는 승산의 문제가 아니라 윤리의 문제였던 이들에게 승패는 원칙보다 중요한 것이 아니었다. 와인을 '신의 눈물'이라고 하든 '땅의 피'라고 표현하든 와인은 축적된 노동의 결실이고 자연과 문화, 그리고 인간의 지성이 빚은 열매인 것이다.

"와인제조업자 에메 지베르가 이런 말을 했어. '와인은 인간과 자연이 맺는 일종의 종교적인 관계라고. 좋은 와인을 만드는 것은 시를 쓰는 것과 같은 것이라고 말이야. 니체의 말을 빌려 결론을 내리면 이렇게 말할 수 있지. '포도주는 죽었다!'"

필립은 단호한 말투로 이야기했다.

신자유주의 시대의 식탁 위에는 유전자 변형 농작물만 올라오는 것이 아니다. 성형수술을 하고 고급 라벨을 붙인 와인이 우리가 받아야 할 잔이다.

올챙이는 지원군이 없는 논쟁에 실망하는 기색 없이 마지막 와인을 깨끗이 비우고 싱글거리며 인사를 나누고 떠났다.

 열정이라는 연료로 달리기

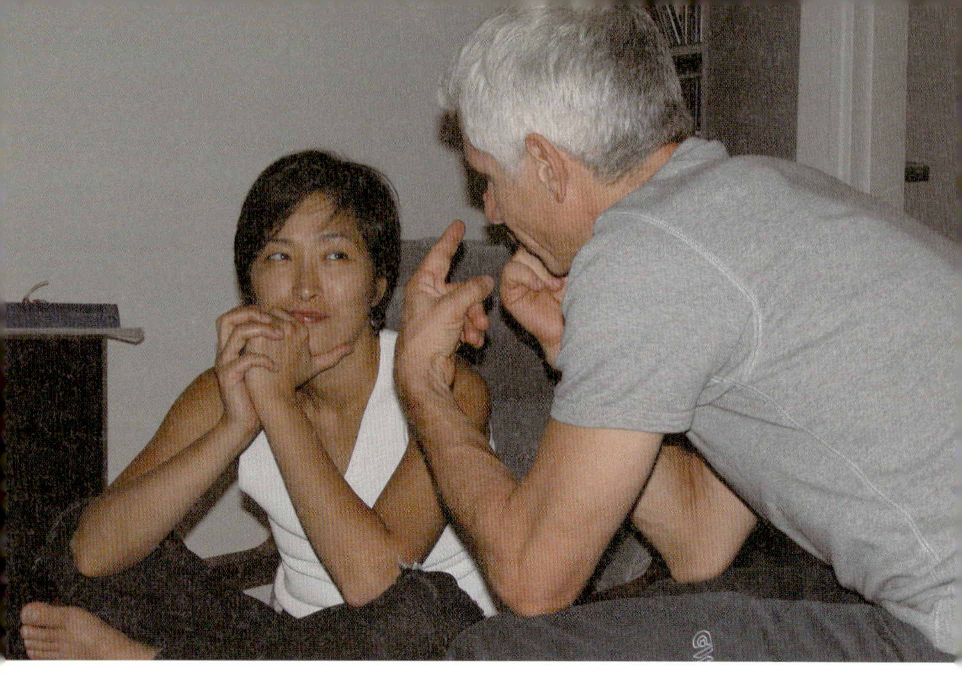

생각의 전원을 끄는 시간

"나는 1년에 한 달 정도는 아무것도 하지 않는 시간이 필요해. 여름에 보르도에 내려갈 땐 핸드폰도
컴퓨터도 가져가지 않아. 보르도의 포도밭 사이를 뛰면서 생각의 전원을 완벽하게 끄는 거야."

필립은 아파트 1층 차고를 개조해서 작업실로 만들었다. 아파트의 거실에서 소방수처럼 계단을 타고 내려오면 작업실이다. 작업실 문을 활짝 열면 아파트 안뜰 앞에 울창한 화초들이 조그만 숲을 이루고 있다. 세상에는 정원사의 손을 가진 사람이 있다.

화초를 잘 키우는 남자들은 이렇게 말한다.

"화초는 말야, 혼자 자란다고."

화초를 키우지 못하는 여자는 이렇게 생각한다.

'화초는 잠깐 잊어버리면, 금방 죽더라. 너무 까다로워.'

필립은 지치지 않고 다시 디자인 이야기를 한다. 지치지 않는 것은 그의 열정이다. 서른다섯의 나이에 직업을 바꿨고, 열정으로 자신의 부족함을 채우는데 한 번도 주저하지 않았다. 실크스크린을 공부하고 나서 종이를 연구한다. 그의 열정은 성공이나 돈에 대한 집착과는 다르다.

"보르도의 집은 내게 중요하지만 거기에 쏟아부었던 시간만큼 잃은 것도 있지. 7년 동안 휴식도 없이 살았던 것은 결코 보람이 아니었어."

만족할 만한 결과만 가지고 위안할 수 없는 것이 인생인가 보다.

"여름 바캉스엔 뭘 할 거니?"

내가 물었다.

"1년에 한 달 정도는 아무것도 하지 않는 시간이 필요해. 그래서 여름에 보르도에 내려갈 땐 핸드폰도 컴퓨터도 가져가지 않아. 보르도의 포도밭 사이를 뛰면서 생각의 전원을 완벽하게 끄는 거야."

보르도에 있던 필립의 30년 넘은 시트로엥 2기통 자동차는 자전거보다 조금 빨리 달렸던 것 같다. 인간은 각자 속력의 완충장치가 있는 모양이다. 필립은 7년 동안의 과속에 스스로 벌칙금을 주고 있는 것 같았다.

필립의 회색머리는 흰 머리카락이 많아졌지만, 10년 전에 비해 그다지 변하지 않았다. 미래를 잡으러 앞으로 달려가는 그는 늙을 여유도 없는 걸까?

필립은 앞만 보고 달려가지 않는다. 열정은 그를 달리게 하지만, 휴식에 자기 쉼표를 정확히 찍을 수 있는 사람이다. 내가 확신할 수 있는 건 필립의 삶에는 후회보다는 기회가 더 많았고, 그것은 앞으로도 크게 다르지 않을 것이라는 사실이다.

 열정이라는 연료로 달리기

BAR LE DIAMANT PUB